中等职业教育机电类专业改革创新示范教材

钳工工艺与技能实训

主　编　李　真
副主编　朱金仙　何　立
参　编　邓学增　顾祖仁　盛荣生

机　械　工　业　出　版　社

本书是依据教育部2009年颁布的“中等职业学校金属加工与实训教学大纲”，并参照钳工（中级）最新国家职业技能标准和行业职业技能鉴定规范中有关要求编写而成的，是浙江信息工程学校“国家中等职业教育改革发展示范学校建设”成果教材之一。教材遵循职业学校学生的学习规律，体现“做中学、做中教”，在教材结构、内容、学习趣味和教学手段等方面进行了新的探索与改革创新。

本书内容包括钳工实训入门、钳工基本技能训练、钳工技能综合实训、钳工技能趣味实训四个项目。针对钳工职业资格中级鉴定，综合实训项目安排了技能操作考核真题训练，并附有装配钳工国家职业标准和钳工中级理论知识试卷及答案。

本书可供职业技术院校机械类专业使用，也可供机械类相关专业选用，还可供企业员工培训及职业资格考证使用或参考。

图书在版编目（CIP）数据

钳工工艺与技能实训/李真主编．—北京：机械工业出版社，2014.4(2026.1重印)
中等职业教育机电类专业改革创新示范教材
ISBN 978-7-111-46077-0

Ⅰ.①钳…　Ⅱ.①李…　Ⅲ.①钳工-工艺学-中等专业学校-教材
Ⅳ.①TG9

中国版本图书馆CIP数据核字(2014)第046735号

机械工业出版社(北京市百万庄大街22号　邮政编码100037)
策划编辑：汪光灿　责任编辑：王莉娜
版式设计：霍永明　责任校对：陈　越
封面设计：张　静　责任印制：郜　敏
河北虎彩印刷有限公司印刷
2026年1月第1版第9次印刷
184mm×260mm · 8印张 · 182千字
标准书号：ISBN 978-7-111-46077-0
定价：25.00元

电话服务	网络服务
客服电话：010-88361066	机　工　官　网：www.cmpbook.com
010-88379833	机　工　官　博：weibo.com/cmp1952
010-68326294	金　书　网：www.golden-book.com
封底无防伪标均为盗版	机工教育服务网：www.cmpedu.com

前 言

钳工实训是机械类专业学生必修的基础技能课，钳工技能也是机械行业从业者所应具备的基本技能之一。学生通过本课程的学习，一方面要求全面掌握中级钳工所需要的工艺知识和操作技能，具备编制中等复杂程度零件的钳工加工工艺并独立完成其加工的能力；另一方面，要培养学生吃苦耐劳的精神和认真细致的工作作风，具备良好的职业道德和良好的综合职业能力及安全操作知识，为从事专业工作和适应岗位变化以及学习新技术打下基础。

本书依据“应用为主，理论够用，上手要快”的编写思路，突出应用性和可操作性，并在教学大纲与职业技能标准融通的基础上，依据教育部2009年颁布的“中等职业学校金属加工与实训教学大纲”，同时参照钳工（中级）最新国家职业技能标准和行业职业技能鉴定规范中有关要求编写而成，在结构、内容、学习趣味和教学手段等方面进行了新的探索与改革。学生通过本书的学习与实训，可以达到国家职业技能标准钳工中级工的要求。

本书体现了以下特点：

1. 紧紧围绕培养钳工中级工选择教学内容，将钳工工艺学与职业技能鉴定标准进行了融合，体现“理实一体，做中学”的教育思想。

2. 创新编写体例，以入门知识、基本技能、综合实训和趣味实训四个项目分层呈现本书内容。机械类不同的细分专业可根据教学需要自由组合各项目开展教学；能力不同的学生也可分层选取相应任务进行针对性训练。

3. 遵循职业学校学生的学习规律，大量运用了图表等形式，图文并茂、操作性强，同时删繁就简，突出直观性、实用性和学以致用的特点。

4. 吸收企业技术人员参与教材编写，紧密结合工作岗位，从安全生产、文明生产、操作规范、设备维护等方面，突出对学生进行现代企业生产要求的培训，为职业生涯的发展奠定基础。

5. 便于学生自主学习、师生教与学互动。任务完成后，学生可以进行自评自测、小组评价和教师评价，在多元评价过程中形成质量意识和工作标准意识，为将来走向企业搭建接轨平台。

本书内容包括钳工实训入门、钳工基本技能训练、钳工技能综合实训、钳工技能趣味实训四个项目，其中项目一和项目二是基本要求，项目三是针对基本技能的综合训练及中级工考证的真题训练，项目四兼具趣味性和实用性。建议安排专门的实训教学周进行教学，一般要求安排4周（120课时）为基本实训时间，可根据学生实际能力，在完成基本要求的基础上分层从项目三、项目四中选取适当的训练任务。

本书由李真任主编，朱金仙、何立任副主编，参加编写工作的还有邓学增、顾祖仁、盛荣生，他们是来自企业的技师。此外，浙江信息工程学校机械教研组对本书提出了许多宝贵意见和建议，在此表示衷心的感谢。

由于编者水平有限，书中错误和缺失在所难免，请读者提出宝贵意见，以便修改。

编者

2013 年 9 月于湖州

目录

项目一　钳工实训入门

1

任务一　了解钳工的重要性及其任务

学习目标

1. 了解钳工在机器制造和设备维修中的地位与重要性。
2. 了解钳工的主要任务。

一、钳工概述

钳工是机械制造中重要的工种之一，在机械生产过程中起着重要的作用。

钳工是手持工具对金属表面进行切削加工的一种方法，在加工过程中利用台虎钳、手锯、锉刀、钻床及各种手工工具去完成目前机械加工所不能完成的工作。钳工的工作特点是灵活、机动、不受进给方向位置的限制，即使现在有各种先进设备，但也离不开钳工。

钳工的工作范围主要有以下三个方面。

1）加工机器所不能加工的表面，如机器内部不便使用机械加工的表面、精度要求较高的样板和模具等。

2）除加工外，还可以进行机器的装配。

3）对机器或设备进行调试和维修。

目前，我国《国家职业标准》将钳工划分为装配钳工、机修钳工和工具钳工三类。

1. 装配钳工

装配钳工主要从事工件加工、机器设备的装配和调整工作。

2. 机修钳工

机修钳工主要从事机器设备的安装、调试和维修工作。

3. 工具钳工

工具钳工主要从事工具、夹具、量具、辅具、模具和刀具的制造与修理工作。

尽管分工不同，但无论哪类钳工，都应当掌握扎实的专业理论知识，具备精湛的操作技艺，包括划线、錾削、锯削、锉削、钻孔、扩孔、铰孔、攻螺纹、套螺纹、矫正、弯形、铆接、刮削、研磨以及机器装配调试、设备维修、基本测量和简单的热处理等。

二、钳工的主要任务

钳工大多数是用手工工具在台虎钳上进行手工操作的一个工种。钳工的主要任务有以下几项。

1）加工零件。一些不适宜采用机械加工或采用机械不能解决的加工问题，都可由钳工来完成，如零件加工过程中的划线、检验以及修配等。

2）装配。把零件按机械设备的装配技术要求进行组件、部件装配和总装配，并经过调整、检验和试车等，使之成为合格的机械设备。

3）设备维修。当机械设备在使用的过程中产生故障、出现损坏或长期使用后精度降低、影响使用时，也要通过钳工进行维护和修理。

4）工具的制造和修理。制造和修理各种工具、夹具、量具以及各种专业设备。

思考与练习

1. 钳工的工作范围包括哪几个方面？
2. 目前钳工分为哪几类？
3. 钳工的主要任务是什么？

任务二　认识钳工常用设备及安全文明生产

学习目标

1. 了解钳工常用设备的操作和保养方法。
2. 熟悉实习场地的规章制度和安全文明生产要求。

一、钳工常用设备的使用实践

钳工主要设备有钳工工作台（简称钳台）、台虎钳、钻床和砂轮机等。在熟悉钳工常用设备的基本常识前，先观摩教师操作台虎钳、砂轮机、台式钻床、立式钻床、摇臂钻床，了解并体会各设备的操作要领。

二、钳工常用设备及安全文明生产

1. 台虎钳

台虎钳是用来夹持工件的通用夹具，有固定式和回转式两种结构类型，如图 1-1 所示。台虎钳的规格以钳口的宽度来表示，有 100mm、125mm 和 150mm 等。

使用台虎钳有以下安全要求。

1）夹紧工件时松紧要适当，只能用手扳紧手柄，不能借助其他工具加力。

2）强力作业时，应尽量使力朝向固定钳身。

3）不允许在活动钳身和光滑平面上敲击作业。

4）应经常清洗、润滑丝杠、螺母等活动表面，以防生锈。

5）在钳工工作台上安装台虎钳时，钳口高度应以恰好齐人的臂肘为宜，如图 1-2 所示。

2. 钳工工作台

钳工工作台用来安装台虎钳，放置工具和工件等，其安全要求如下。

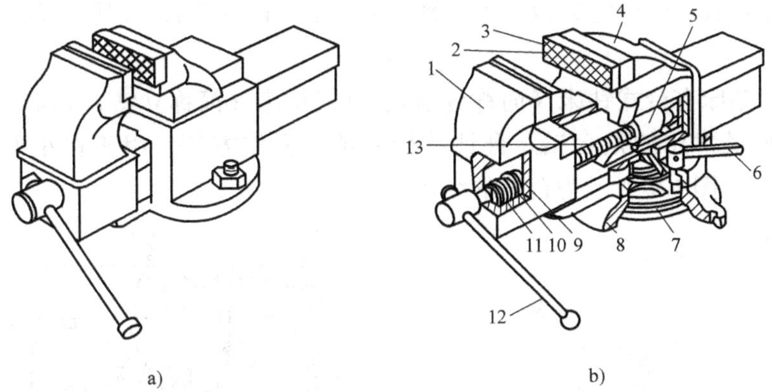

图 1-1 台虎钳

a）固定式台虎钳 b）回转式台虎钳

1—钳身 2—螺钉 3—钳口 4—固定钳身 5—螺母 6、12—手柄 7—夹紧盘 8—转座 9—销 10—挡圈 11—弹簧 13—丝杠

1）操作者站在钳工工作台的一面工作，对面不允许有人。大型钳工工作台对面有人工作时，必须设置密度适当的安全网。钳工工作台必须安装牢固，不得作铁砧用。

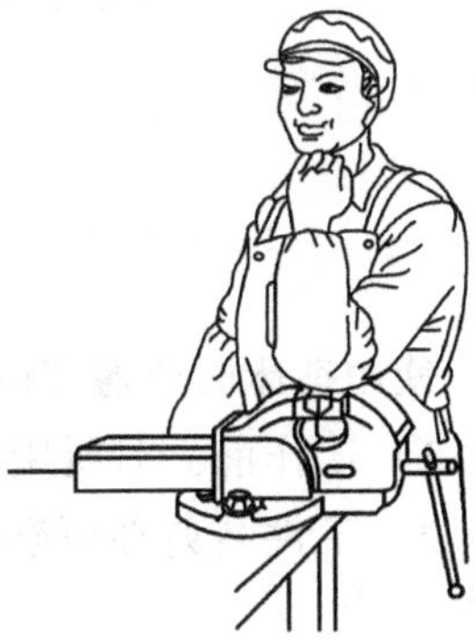

图 1-2 台虎钳的高度

2）钳工工作台上使用的照明电压不得超过 36V。

3）工、量具的摆放应按下列要求布置，如图 1-3 所示。

① 在钳工工作台上工作时，为了取用方便，右手取用的工、量具放在右边，左手取用的工、量具放在左边，各自排列整齐，且不能让工、量具伸出钳工工作台边缘，以免其被碰落损坏或砸伤人脚。

② 量具不能与工具或工件混放在一起，应放在量具盒内或专用格架上。

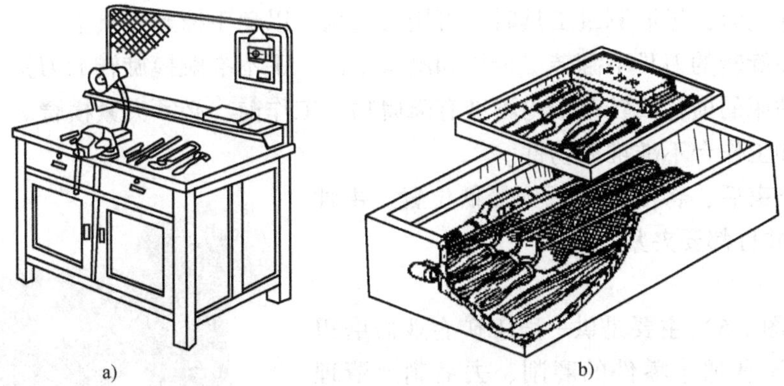

图 1-3 工、量具的摆放

a）在钳工工作台上的放置 b）在工具箱内的放置

③ 常用的工、量具要放在工作位置附近。

④ 工、量具收藏时要整齐地放入工具箱内，不应任意堆放，以防损坏或取用不便。

3. 钻床

钳工常用的钻床有台式钻床（简称台钻）、立式钻床（简称立钻）和摇臂钻床三种，其中钳工实习场地最常用的是台钻。台钻结构简单，操作方便，用于在小型零件上钻、扩 ϕ12mm 以下的孔。图 1-4 所示为台钻的结构。

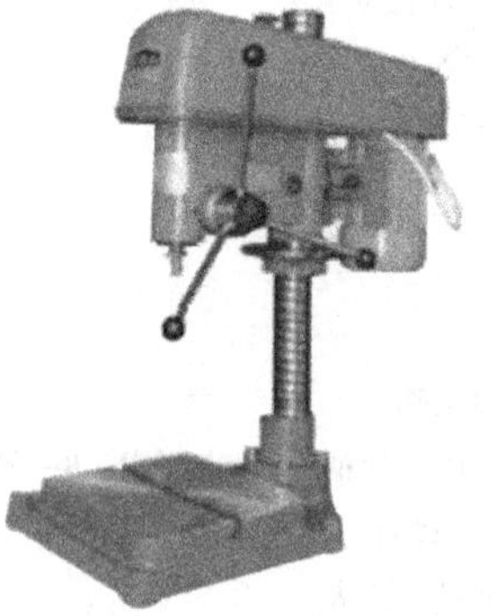

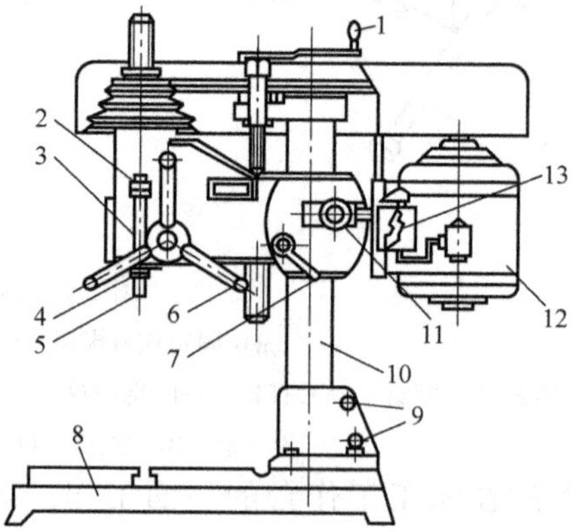

图 1-4　台钻的结构

1—摇把　2—挡块　3—机头　4—螺母　5—主轴　6—进给手柄　7—锁紧手柄　8—底座
9—螺栓　10—立柱　11—螺钉　12—电动机　13—转换开关

使用钻床时要遵守以下安全技术操作规程。

1）工作前，对所用钻床和工具、夹具、量具进行全面检查，确认无误后方可操作。

2）工件装夹必须牢固可靠。钻小孔时，应用工具夹持，不允许用手拿。工作中严禁戴手套。

3）使用自动进给时，要选好进给速度，调整好限位块。手动进给时，一般按照逐渐增压和逐渐减压的原则进行，以免用力过猛造成事故。

4）钻头上绕有长铁屑时，要停车清除，禁止用嘴吹、用手拉，要用刷子或铁钩清除。

5）精铰深孔时，拔取测量工具时不可用力过猛，以免手撞到刀具上。

6）不准在旋转的刀具下翻转、卡压和测量工件。手不准触摸旋转的刀具。

7）摇臂钻床的横臂回转范围内不准有障碍物。工作前，必须夹紧横臂。

8）横臂和工作台不准堆放物件。

9）工作结束后，将横臂降低到最低位置，主轴箱靠近立柱，并且都要夹紧。

4. 砂轮机

砂轮机（图 1-5）主要是供一般工矿企业修磨刀具之用，也用于普通小零件的磨削、去毛刺及清理等工作。

图 1-5　砂轮机

在使用砂轮机的过程中要注意以下安全要求。

1）砂轮机起动后应运转平稳，若跳动明显应及时停机修整。

2）砂轮机的旋转方向要正确，磨屑只能向下飞离砂轮。

3）砂轮机托架和砂轮之间的距离应保持在 3mm 以内，以防工件扎入造成事故。

4）使用砂轮刃磨工件时，应待空转正常后，由轻而重进行刃磨，要拿稳工件，并均匀用力，压力不能过大，不能猛力磕碰，以免砂轮破裂伤人。

5）刃磨工件时，操作者应站在砂轮机侧面，砂轮转动两侧不准站人，以免迸溅伤人。

6）禁止随便起动砂轮或用其他物件敲打砂轮。换砂轮时，要检查砂轮有无裂纹，要垫平夹牢，不准用不合格的砂轮。清理砂轮时，要待砂轮完全停转后才能用刷子清理。

思考与练习

1. 台虎钳在使用过程中的安全要求有哪些？
2. 钻床有哪几种类型？

任务三　了解与钳工相关的金属切削知识

学习目标

1. 了解金属切削的基本概念。
2. 了解金属切削刀具的性能、材料和使用寿命。
3. 了解切削液的作用。

一、金属切削的基本概念

切削加工是用刀具切除工件上多余的金属材料，以获得符合要求的零件的加工方法。切削加工分为钳工加工和机械加工两部分，常见的金属切削加工方法如图 1-6 所示。

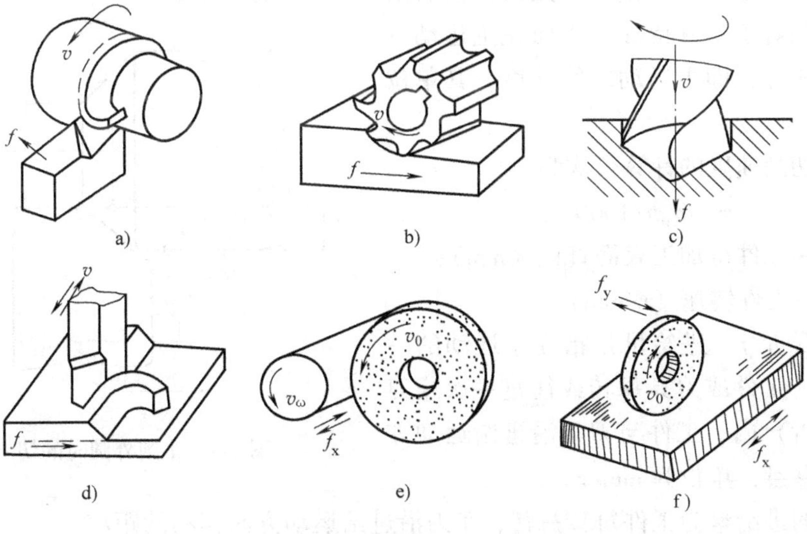

图 1-6　常见的金属切削加工方法

a）车削　b）铣削　c）钻削　d）刨削　e）外圆磨削　f）平面磨削

1. 切削运动

切削加工时，刀具和工件的相对运动称为切削运动。切削运动分为主运动和进给运动。

（1）主运动　直接切除工件上多余的金属层，使之转变为切屑的运动称为主运动，如车削时工件的旋转运动、钻削时钻头的旋转运动都是主运动。

（2）进给运动　使新的金属层不断投入切削的运动称为进给运动，如钻孔时，钻头的轴向运动就是进给运动。在切削运动中，主运动只有一个，它可以是旋转运动，也可以是直线运动。进给运动可由一个或多个运动组成，可以是连续的，也可以是间断的。

2. 切削时的工件表面

在切削过程中，工件上通常形成三个不断变化的表面，如图 1-7 所示。

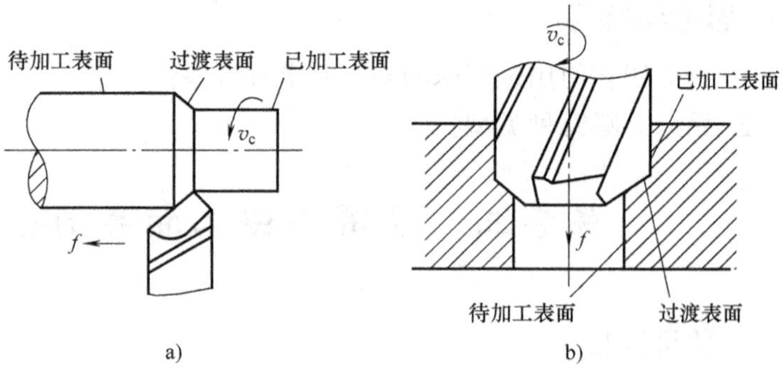

图 1-7　切削时构件上形成的表面

a）车削外圆　b）扩孔钻扩孔

（1）待加工表面　工件上将被切去金属层的表面，称为待加工表面。

（2）已加工表面　工件上已被切去金属层的表面，称为已加工表面。

（3）过渡表面　刀具主切削刃正在切削的表面，即已加工表面和待加工表面的连接面，称为过渡表面。

3. 切削用量

切削用量是指切削过程中切削速度、进给量和背吃刀量三者的总称，也称为切削用量三要素。它是衡量切削运动量大小的参数。图 1-8 所示为车削外圆时的切削用量。

（1）切削速度 v_c　切削速度是指刀具切削刃上选定点相对于工件待加工表面在主运动方向上的瞬时速度，即主运动的线速度，其单位为 m/min。

车削时切削速度的计算公式为

$$v_c = \pi d_w n/1000$$

式中　d_w——工件待加工表面直径（mm）；

n——工件转速（r/min）。

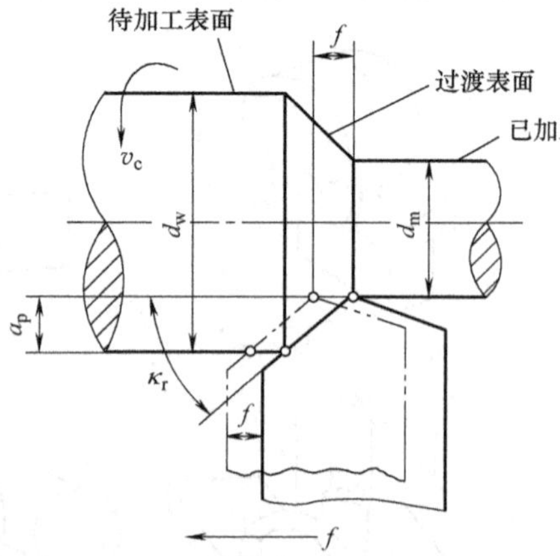

图 1-8　车削外圆时的切削用量

（2）进给量 f　进给量是指在主运动的一个工作循环（工件或刀具每转或往复一次或刀具每转过一齿）内，工件与刀具沿进给运动方向的相对位移量，单位为 mm/r。

车削时的进给量为工件每转一转，车刀沿进给运动方向移动的距离。

（3）背吃刀量 a_p　背吃刀量是指工件上已加工表面和待加工表面间的垂直距离，单位为 mm。

车削外圆时，背吃刀量的计算公式为

$$a_p = (d_w - d_m)/2$$

式中 d_w——工件待加工表面的直径（mm）；

d_m——工件已加工表面的直径（mm）。

切削用量直接影响工件的加工质量、刀具的磨损和寿命、机床的动力消耗及生产率，因此必须合理地选择切削用量。

二、金属切削刀具知识

1. 对刀具切削部分的性能要求

切削过程中，刀具将受到切削力、切削热、摩擦、冲击及振动等作用，这就要求刀具切削部分的材料必须具备良好的性能。

（1）硬度高　常温下刀头硬度应在60HRC以上。

（2）耐磨性好　耐磨性指刀具抵抗工件磨损的性能。一般情况下刀具材料硬度越高，其耐磨性就越好。

（3）耐高温　高温下刀具还必须具备良好的切削性能。

（4）高强度　有足够的强度和韧性。

（5）良好的工艺性　工艺性指刀头要具备焊接性、可锻性、热处理及磨削等性能。

2. 常用刀具材料

（1）碳素工具钢　碳素工具钢淬火后硬度较高（60～64HRC），耐磨性较好，刃口锋利，但温度超过200℃时硬度就明显下降。常用的碳素工具钢牌号有T10A和T12A等，可用来制造低速手用工具，如手用铰刀、锉刀和锯条等。

（2）合金工具钢　它与碳素工具钢相比有较好的韧性、耐磨性和耐热性，还具有热处理变形小、淬透性好等优点，可用来制造丝锥、板牙等形状复杂的工具。常用的合金工具钢牌号有9SiCr及CrWMn等。

（3）高速钢　高速钢耐热性好，当切削温度达到540～620℃时仍能保持其切削性能，其韧性和工艺性也好，常用来制造车刀、钻头、铣刀、拉刀和齿轮加工刀具等。常用的钨系高速钢牌号有W18Cr4V，钼系高速钢牌号有W6Mo5Cr4V2等。

（4）硬质合金　硬质合金的硬度高、耐磨性好、耐高温，在切削温度达到1000℃时还保持良好的切削性能。它的缺点是韧性差，不能承受较大的冲击力。常用的硬质合金有钨钴类（代号为YG）、钨钛钴类（代号为YT）和钨钛钽（铌）钴类（代号为YW）等多种。

3. 刀具寿命

刃磨后的刀具自开始切削直到磨损量达到磨钝标准为止的纯切削时间称为刀具寿命。一把新刀具用到报废之前的纯切削时间称为刀具的总寿命。

影响刀具寿命的因素有以下几项。

1）工件材料的强度、硬度和塑性越大，刀具的寿命越短。

2）在切削用量中，对刀具寿命影响最大的是切削速度，其次是进给量，最小的是背吃刀量。

3）适当改变刀具形状的几何参数能延长刀具寿命。

4）选用新型材料是提高刀具寿命的有效途径。

三、切削液

切削过程中合理选择切削液，可减小切削过程中的切削热和机械摩擦，降低切削温度，减小工件热变形及表面粗糙度值，并能延长刀具寿命，提高加工质量和生产率。

1. 切削液的作用

（1）冷却作用　切削液可带走切削时产生的大量热量，改善切削条件，起到冷却工件和刀具的作用。

（2）润滑作用　切削液可以渗透到工件表面与刀具后刀面之间及前刀面与切屑之间的微小间隙中，减小工件、切屑与刀具间的摩擦。

（3）清洗作用　切削液有一定的压力和流量，可把附着在工件和刀具上的细小切屑冲掉，防止拉毛工件，起到清洗作用。

（4）防锈作用　切削液中加入防锈剂，可保护工件、刀具和机床免受腐蚀，起到防锈作用。

2. 切削液的种类

工厂中常用的切削液有乳化液和切削油两种。

（1）乳化液　乳化液是由乳化油加 15 ~ 20 倍的水稀释而成的。它的特点是比热容大、黏度小、流动性好，可吸收切削区中的大量热量，主要起冷却作用。

（2）切削油　起润滑作用的切削油主要特点是比热容小、黏度大、流动性差。切削油的主要成分是矿物油，常用的有 10 号机油、20 号机油、煤油和柴油等。

在金属切削过程中，应根据工件材料、刀具材料、加工性质和工艺要求合理选择切削液。

思考与练习

1. 钳工常用的刀具材料有哪几种？
2. 影响刀具寿命的因素有哪些？

任务四　正确使用与维护钳工常用量具

学习目标

1. 了解钳工常用量具的刻线原理以及读数方法。
2. 掌握使用量具进行测量的操作技能。
3. 熟悉常用量具的维护与保养方法。

一、量具的类型

加工零件和产品时，为了确保加工质量，必须用量具来进行测量。用来测量、检验零件及产品形状和尺寸的工具称为量具。量具的种类很多，根据其用途和特点，可分为以下三种类型。

1）万能量具。这类量具一般都有刻线，在测量范围内可以测量零件和产品形状及尺寸的具体数值，如游标卡尺、千分尺、百分表和游标万能角度尺等。

2）专用量具。这类量具不能测量出实际尺寸，只能测定零件和产品的形状及尺寸是否合格，如塞尺等。

3）标准量具。这类量具只能制成某一固定尺寸，通常用来校对和调整其他量具，也可以作为标准与被测量件进行比较，如量块等。

二、钳工常用量具的使用

1. 游标卡尺

游标卡尺是一种中等精度的量具，可以直接测量出工件的外径、孔径、长度、宽度和孔距等。

（1）游标卡尺的结构　游标卡尺由尺身1和游标5组成，如图1-9所示。松开锁紧螺母2即可推动游标在尺身上移动，两个测量爪3或4可测量尺寸。测量爪3可测量孔径、孔距及槽宽，测量爪4可测量外圆和长度等，还可用尺身后的测深杆6测量内孔和沟槽深度。

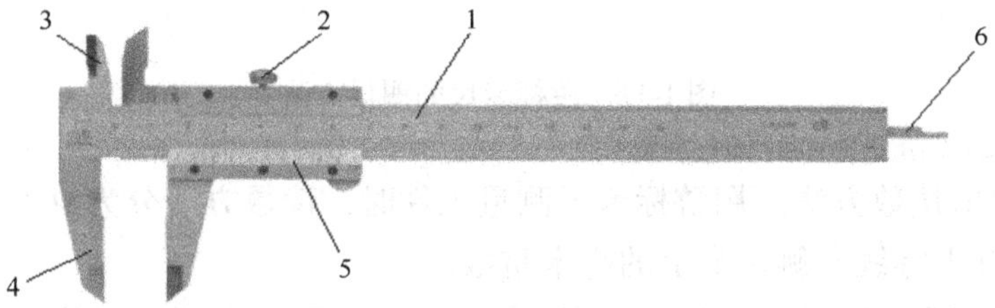

图1-9　游标卡尺

1—尺身　2—锁紧螺母　3、4—测量爪　5—游标　6—测深杆

（2）游标卡尺的刻线原理　游标卡尺按其测量精度分为1/20mm（0.05mm）和1/50mm（0.02mm）两种。

1）1/20mm游标卡尺如图1-10a所示，尺身上每小格是1mm，当两测量爪合并时，游标上的20格刚好与尺身上的19mm对正。因此，尺身与游标每格之差：1mm－19mm/20＝0.05mm，此差值即为1/20mm游标卡尺的测量精度。

2）1/50mm游标卡尺如图1-10b所示，尺身上每小格是1mm，当两测量爪合并时，游标上的50格刚好与尺身上的49mm对正。因此，尺身与游标每格之差：1mm－49mm/50＝0.02mm，此差值即为1/50mm游标卡尺的测量精度。

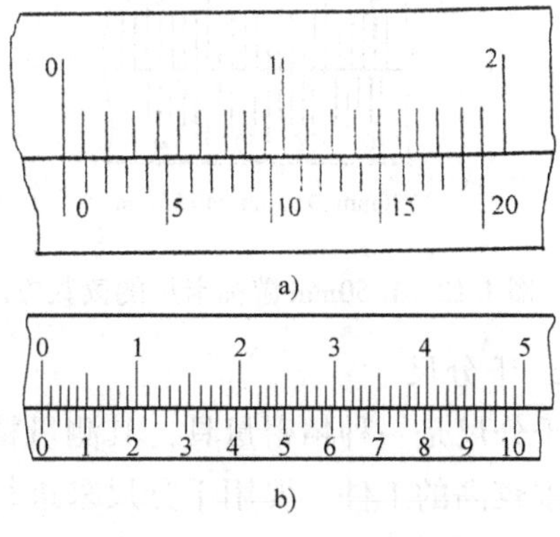

图1-10　游标卡尺的刻线原理

a）1/20mm的游标卡尺　b）1/50mm的游标卡尺

（3）游标卡尺的测量方法和读数方法

1）游标卡尺的测量方法如图 1-11 所示。

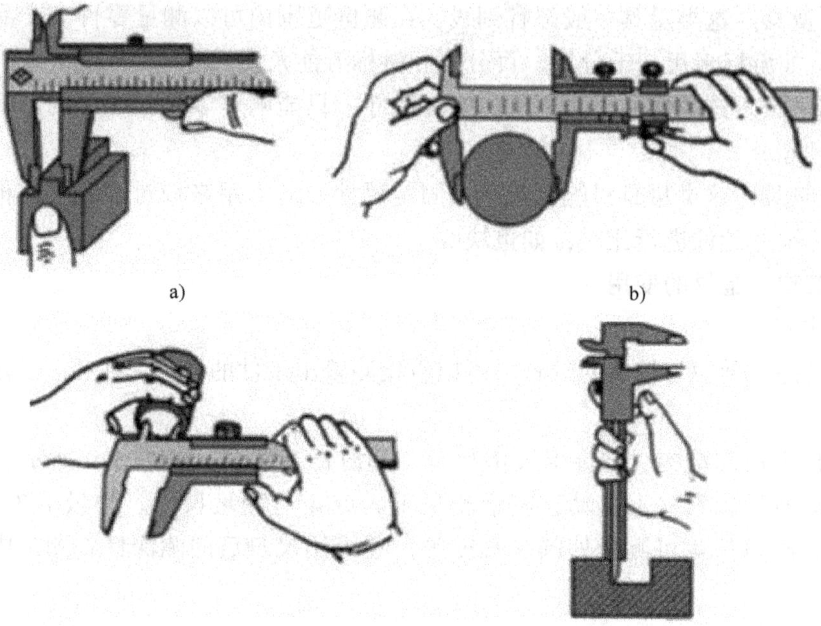

a)　b)　c)　d)

图 1-11　游标卡尺的测量方法

a）测量工件宽度　b）测量工件外径　c）测量工件内径　d）测量工件深度

2）游标卡尺的读数方法。用游标卡尺测量工件时，读数方法分为以下三个步骤。

① 读出游标上零线左侧尺身上的毫米整数。

② 看游标上哪一条刻线与尺身刻线对齐（第一条零线不算，从第二条刻线开始算起），读出小数毫米数。

③ 把尺身和游标上的尺寸加起来即为测得尺寸。

1/50mm 和 1/20mm 游标卡尺的读数方法相同，分别如图 1-12 和图 1-13 所示。

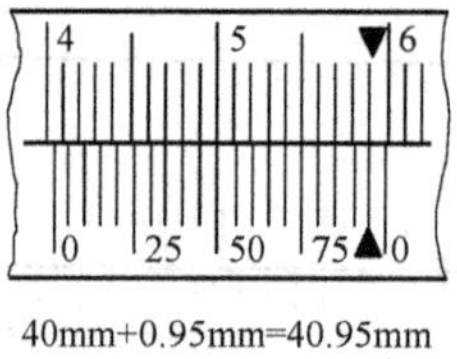

图 1-12　1/50mm 游标卡尺的读数方法

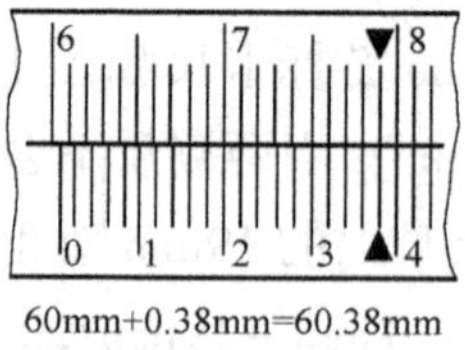

图 1-13　1/20mm 游标卡尺的读数方法

2. 千分尺

千分尺是一种精密量具，其测量精度比游标卡尺高，而且比较灵敏。因此，对于加工精度要求较高的工件，要用千分尺来进行测量。

（1）千分尺的结构　图 1-14 所示为千分尺的结构，它由尺架、固定测砧、测微螺杆、固定套筒、微分筒、测力装置和锁紧装置等组成。

（2）千分尺的刻线原理　千分尺的固定套筒上刻有主尺刻线，每格 0. 5mm。测微螺杆

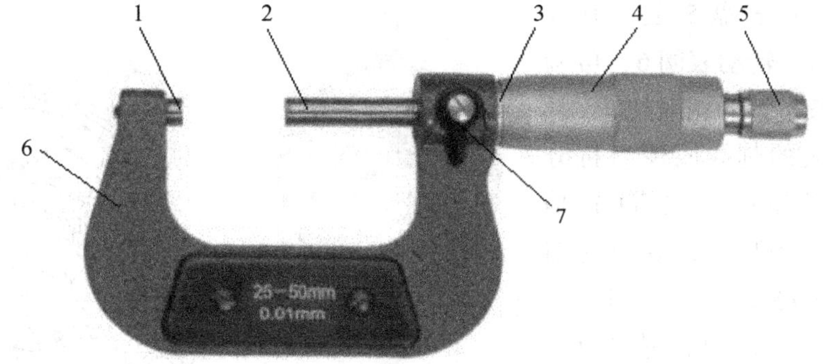

图 1-14　千分尺的结构

1—固定测砧　2—测微螺杆　3—固定套筒　4—微分筒　5—测力装置　6—尺架　7—锁紧手柄

右端螺纹的螺距为 0. 5mm，当微分筒转一周时，螺杆就移动 0. 5mm。微分筒圆锥面上共刻有 50 格，因此微分筒每转一格，螺杆就移动 0. 5mm ÷ 50 = 0. 01mm。

（3）千分尺的读数方法　用千分尺测量工件时，读数方法分为以下三个步骤。

1）读出微分筒边缘在固定套筒主尺上的毫米数和半毫米数。

2）看微分筒上哪一格与固定套筒上的基准线对齐，并读出不足半毫米的数。

3）把固定套筒和微分筒上的尺寸加起来即为测得的尺寸。

图 1-15 所示为千分尺的读数方法。

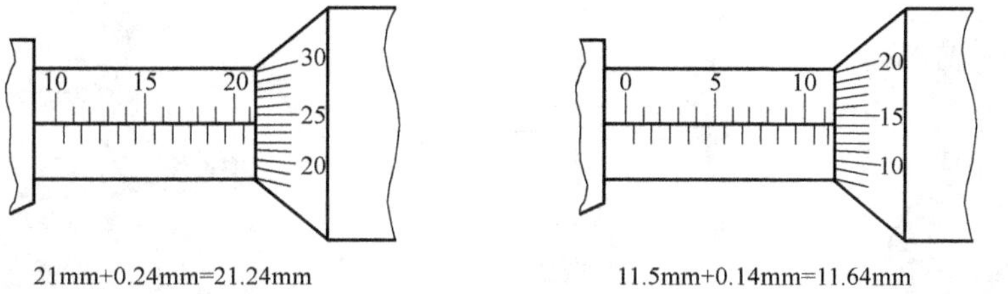

图 1-15　千分尺的读数方法

（4）千分尺的测量范围和精度　千分尺的规格按测量范围分为 0 ~ 25mm、25 ~ 50mm、50 ~ 75mm 和 75 ~ 100mm 等几种，使用时根据被测工件的尺寸合理选用。

千分尺的制造精度分为 0 级和 1 级两种，0 级精度高，1 级精度稍差。

3. 百分表

百分表是一种精度较高的比较量具，只能测出相对数值，不能测出绝对数值，主要用于测量几何误差，也可用于在机床上安装工件时的精密找正。百分表的读数精度为 0. 01mm。

（1）百分表的结构　百分表的结构如图 1-16 所示，淬硬的测量头 1 用螺纹旋入测量杆 2 的下端，测量杆的上端有齿。当测量杆上升时，带动齿数为 16 的小齿轮 3。与小齿轮 3 同轴装有齿数为 100 的大齿轮 4，再由这个齿轮带动中间的齿数为 10 的小齿轮 10。与小齿轮 10 同轴装有长指针 7，因此长指针就随着小齿轮 10 一起转动。在小齿轮 10 的另一边装有大齿轮 9，在其轴下端装有游丝，用来消除齿轮间的间隙，以保证精度。该轴的上端装有短指针 8，用来记录长指针的转数（长指针转一周时短指针转一格）。拉簧 11 的作用是使测量杆

2能回到原位。在表盘5上刻有线条，共分100格。转动表圈6，可调整表盘刻线与长指针的相对位置。

（2）百分表的刻线原理　百分表内的测量杆和齿轮的周节是0.625mm。当测量杆上升16齿（即上升0.625mm×16=10mm）时，16齿小齿轮转一周，同时齿数为100的大齿轮也转一周，就带动齿数为10的小齿轮和长指针转10周，也就是测量杆移动1mm时，长指针转一周。由于表盘上共刻有100格，所以长指针每转一格表示测量杆移动0.01mm。

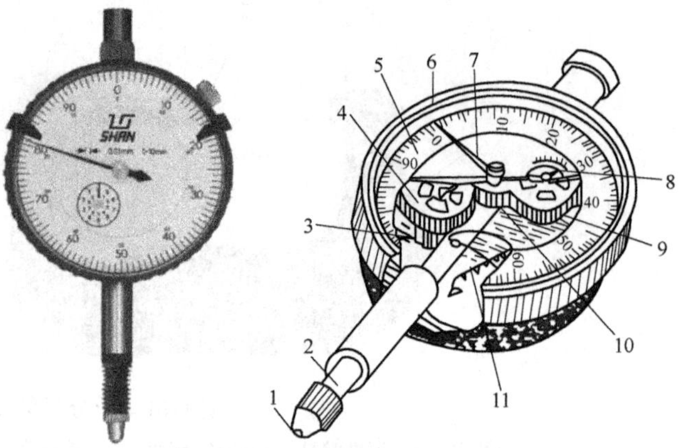

图1-16　百分表的结构

1—测量头　2—测量杆　3、10—小齿轮　4、9—大齿轮　5—表盘　6—表圈　7—长指针　8—短指针　11—拉簧

（3）百分表的安装方法　用百分表测量工件的尺寸和几何误差时，可把百分表安装在表座上，如图1-17所示。

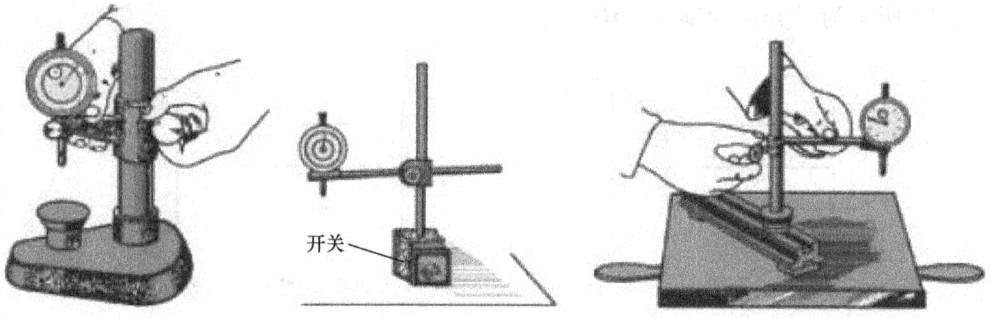

a)　　b)　　c)

图1-17　百分表的安装方法

a）安装在万能表座上　b）安装在磁性表座上　c）安装在普通表座上

（4）百分表的测量方法　百分表可用来精确测量零件圆度、圆跳动、平面度、平行度和直线度等几何误差，也可用来找正工件，如图1-18所示。

（5）百分表的使用注意事项

1）使用前，应检查测量杆活动的灵活性。轻轻推动测量杆时，测量杆在套筒内的移动要灵活，没有轧卡现象，每次手松开后，指针能回到原来的刻度位置。

2）使用时，必须把百分表固定在可靠的夹持架上，切不可贪图省事，随便夹在不稳固的地方，这样容易造成测量结果不准确，或摔坏百分表。

3）测量时，不要使测量杆的行程超过它的测量范围，不要使测量头突然撞到工件上，也不要用百分表测量表面粗糙或有明显凹凸不平的工件。

4）测量平面时，百分表的测量杆要与平面垂直；测量圆柱形工件时，测量杆要与工件的中心线垂直，否则将使测量杆活动不灵活或测量结果不准确。

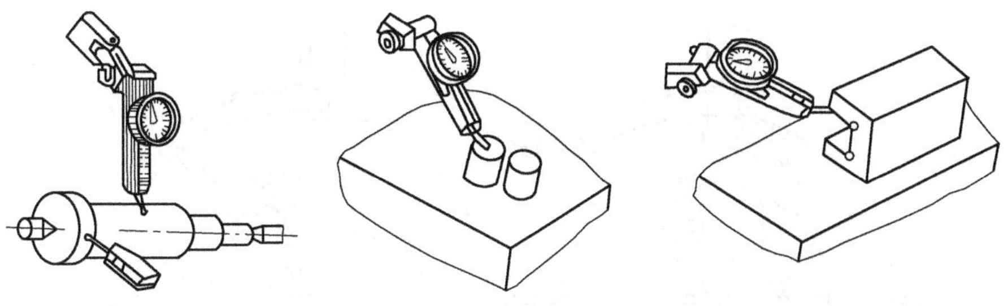

图 1-18　百分表的使用

a）测量工件径向和轴向圆跳动　b）测量工件的高度　c）测量工件的反向平面度

5）为方便读数，在测量前一般都让长指针指到刻度盘的零位。

6）百分表不用时，应使测量杆处于自由状态，以免表内弹簧失效。

4. 游标万能角度尺

（1）游标万能角度尺的结构　如图 1-19 所示，游标万能角度尺由刻有角度刻线的尺身 1 和固定在扇形板 2 上的游标 3 组成。扇形板可以在尺身上回转移动，形成与游标卡尺相似的结构。直角尺 5 可用支架 4 固定在扇形板 2 上，直尺 6 用支架固定在直角尺 5 上，如果拆下直角尺 5，也可将直尺 6 固定在扇形板上。

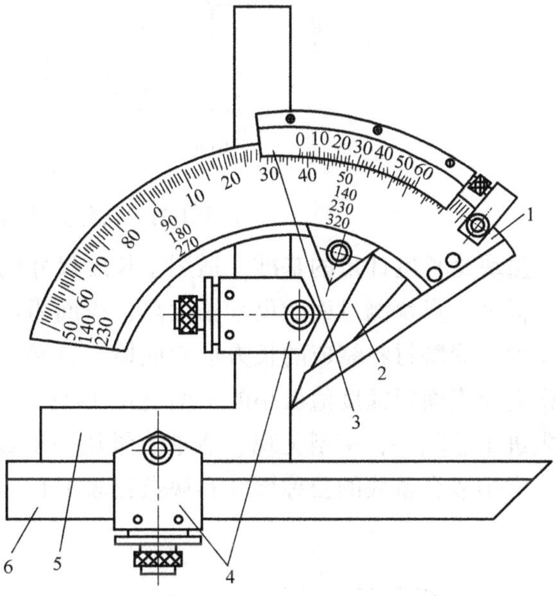

图 1-19　游标万能角度尺

1—尺身　2—扇形板　3—游标　4—支架　5—直角尺　6—直尺

（2）游标万能角度尺的刻线原理　尺身刻线每格 1°，游标刻线是将尺身上 29°所占的弧长等分为 30 格，即每格所对的角度为 29°/30，因此游标 1 格与尺身 1 格相差：$1° - 29°/30 = 1°/30 = 2'$，即游标万能角度尺的测量精度为 2′。

游标万能角度尺角度的读数方法和游标卡尺相似，先从尺身上读出游标零线前的整度数，再从游标上读出角度“′”的数值，两者相加就是被测角度的数值。

（3）游标万能角度尺的测量方法和测量范围

1）游标万能角度尺的测量方法。用游标万能角度尺对工件角度进行测量时，其方法如图 1-20 所示。

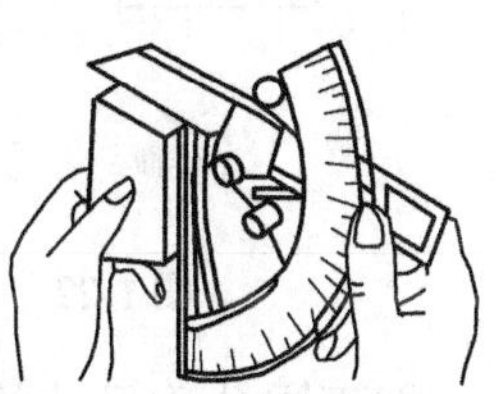

图 1-20　测量工件角度

2）游标万能角度尺的测量范围。由于直尺和直角尺可以移动和拆换，因此游标万能角度尺可以测量 0°～320°的任何角度，如图 1-21 所示。

5. 量块

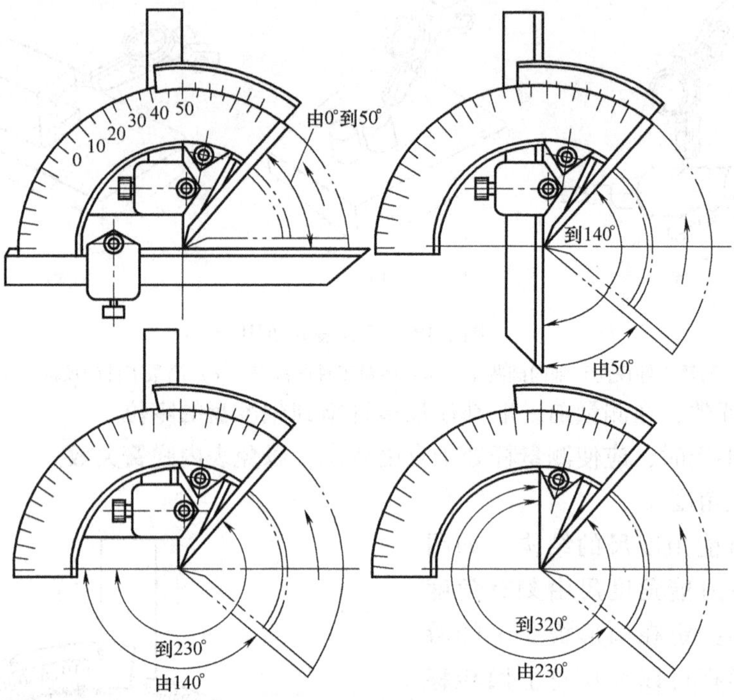

图 1-21　游标万能角度尺的测量范围

量块是长度计量的基准，适用于长度尺寸的传递，量块的各项精度指标符合国家标准及国际标准。量块测量面的尺寸精度高，表面粗糙度值小，研合力好，尺寸稳定。量块是用不易变形的耐磨材料制成的长方形六面体，有两个工作面，即测量面，是一对相互平行且平面度误差及表面粗糙度值极小的平面（图 1-22），其余为非工作面，在非工作面采用激光标记的先进工艺刻字，字型美观、清晰。量块一般成套使用，装在特制的木盒中，如图 1-23 所示。常用成套量块的公称尺寸和块数见表 1-1。

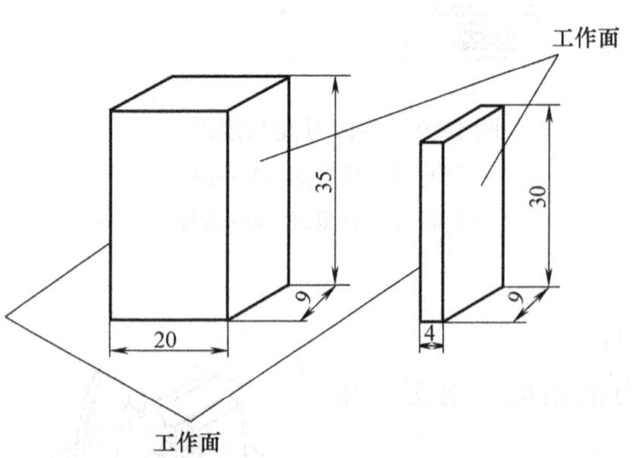

图 1-22　量块工作面

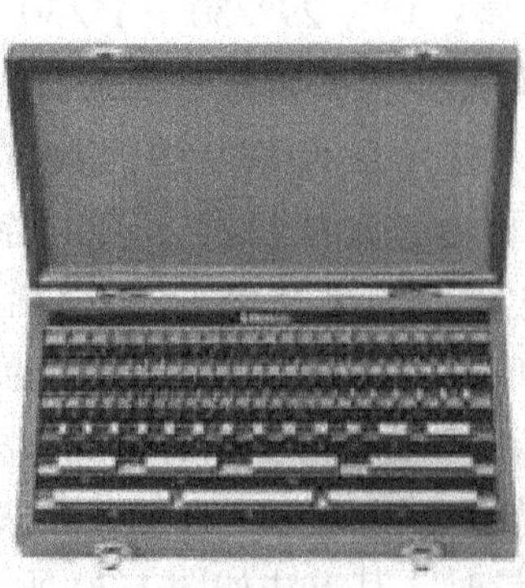

图 1-23　量块

把不同公称尺寸的量块进行组合可得到所需要的尺寸。为了工作方便，减少累积误差，选用量块时，应尽可能选用最少的块数，一般情况下块数不超过 5 块。计算时应根据所需组合的尺寸，从最后一位数字开始选择，每选一块，应使尺寸数字的位数减少一位，以此类推，直至组合成完整的尺寸。例如，所需尺寸为68.315mm，从83块一套的盒中选取。

表1-1　常用成套量块的公称尺寸和块数

编　号	总块数	级别	公称尺寸系列/mm	间隔/mm	块数	质量/kg
901-01	91	00，0，k，1，2	0.5，1.0	—	2	1.843
			1.001，1.002，1.003，…，1.009	0.001	9	
			1.01，1.02，1.03，…，1.49	0.01	49	
			1.5，1.6，1.7，…，1.9	0.1	5	
			2.0，2.5，3.0，…，9.5	0.5	16	
			10，20，30，…，100	10	10	
-02	83	00，0，k，1，2	0.5，1.0，1.005	—	3	1.764
			1.01，1.02，1.03，…，1.49	0.01	49	
			1.5，1.6，1.7，…，1.9	0.1	5	
			2.0，2.5，3.0，…，9.5	0.5	16	
			10，20，30，…，100	10	10	
-03	46	0，k，1，2	1.0	—	1	1.580
			1.001，1.002，1.003，…，1.009	0.001	9	
			1.01，1.02，1.03，…，1.09	0.01	9	
			1.1，1.2，1.3，…，1.9	0.1	9	
			2，3，4，…，9	1	8	
			10，20，30，…，100	10	10	
-04	38	0，k，1，2（3）	1.0，1.005	—	2	1.563
			1.01，1.02，1.03，…，1.09	0.01	9	
			1.1，1.2，1.3，…，1.9	0.1	9	
			2，3，4，…，9	1	8	
			10，20，30，…，100	10	10	
-05	10-	0，1	0.991，0.992，0.993，…，1	0.001	10	0.021
-06	10+	0，1	1，1.001，1.002，…，1.009	0.001	10	0.021
-07	10-	0，1	1.991，1.992，1.993，…，2	0.001	10	0.04
-08	10+	0，1	2，2.001，2.002，…，2.009	0.001	10	0.042
-09	8	0，1，2	125，150，175，200 250，300，400，500		8	5.020
-10	5	0，1，2	600，700，800，900，1000		5	9.780

68.315　组合尺寸

-1.005　第1块量块尺寸

67.31

-1.31　第2块量块尺寸

66

-6　第3块量块尺寸

60　第4块量块尺寸

即选用1.005mm、1.31mm、6mm和60mm共4块量块。

（1）量块的用途　量块具有结构简单、尺寸稳定、使用方便等特点，在实际检测工作中得到了非常广泛的应用。

1）作为长度尺寸标准的实物载体，将国家的长度基准按照一定的规范逐级传递到机械产品制造环节，实现量值的统一。

2）作为标准长度标定量仪，检定量仪的示值误差。

3）相对测量时以量块为标准，用测量器具比较量块与被测尺寸的差值。

4）也可直接用于精密测量、精密划线和精密机床的调整。

（2）在使用量块过程中的注意事项

1）量块必须在使用有效期内，否则应及时送专业部门检定。

2）使用环境良好，防止各种腐蚀性物质及灰尘对测量面的损伤，影响其粘合性。

3）分清量块的“级”与“等”，注意使用规则。

4）所选量块应用航空汽油清洗，用洁净软布擦干，待量块温度与环境温度相同后方可使用。

5）轻拿、轻放量块，杜绝磕碰、跌落等情况的发生。

6）不得用手直接接触量块，以免造成汗液对量块的腐蚀及手温对测量精度的影响。

7）使用完毕后，应用航空汽油清洗所用量块，并擦干后涂上防锈脂存于干燥处。

6. 塞尺

塞尺（图 1-24）是用来检验两个结合面之间间隙大小的片状量规。

使用塞尺时，根据间隙的大小，可用一片或数片重叠在一起插入间隙内。例如用 0.2mm 的塞尺可以插入工件间的间隙，而 0.25mm 的塞尺插不进去时，说明工件间的间隙为 0.2～0.25mm。

图 1-24　塞尺

塞尺的片有的很薄，容易弯曲和折断。测量时，不可用力硬塞塞尺，以防止塞尺弯曲甚至折断，还应注意不能用塞尺测量温度较高的工件。塞尺用完后，要及时擦拭干净，并合到夹板中去。

三、量具的维护与保养

为了保持测量工具的精度，延长其使用寿命，不但使用方法要正确，还必须做好量具的维护与保养。

1）使用前应先熟悉测量工具的规格、性能、使用方法和使用注意事项。

2）测量前应将测量工具的测量面和被测工件的被测表面擦净，以免脏物存在影响测量精度。用精密测量工具测量粗糙的锻造毛坯或带有研磨剂的工件表面是错误的，这样易使量具的测量面很快磨损而失去原有的精度。

3）量具在使用过程中，不要和工具、刀具放在一起，以免碰坏；也不要随意放在机床上，以免因机床振动而使量具掉下来损坏。

4）温度对测量结果的影响很大，一般测量可在室温下进行。量具应存放在 20℃的恒温室内，不应放在热源（电炉、暖气片等）附近，以免受热变形或腐蚀而失去精度。

5）不要把量具放在磁场（如磨床的磁性工作台等）附近，以免使量具磁化。

6）量具应经常保持清洁。量具用完后，应及时擦净、涂油，放在专用盒中，保存在干燥处，以免生锈。

7）精密量具应进行定期鉴定和保养，发现精密量具不正常时，应及时送交计量室检修，以免其示值误差超差而影响测量结果。

思考与练习

1. 量具有哪几种类型？
2. 说出游标卡尺的读数方法。
3. 说出千分尺的读数方法。
4. 说出百分表的刻线原理。
5. 试用量块组配下列尺寸：（1）47.43mm；（2）68.315mm。
6. 在使用塞尺的过程中应注意哪些问题？
7. 如何对量具进行维护和保养？

项目二　钳工基本技能训练 2

任务一　划　　线

学习目标

1. 了解划线的种类以及作用。
2. 熟练掌握划线基准的选择方法。
3. 正确使用各种划线工具，掌握划线方法。
4. 划线操作应达到线条清晰、粗细均匀、尺寸误差不大于 ±0.03mm。
5. 正确掌握划线工具的维护与保养。

一、划线概述

划线是钳工的一种基本操作。在毛坯和工件上，用划线工具划出待加工部位的轮廓线或作为基准的点、线称为划线。

1. 划线的种类

划线分为平面划线和立体划线两种。

（1）平面划线　只需在工件的一个表面上划线后即能明确表示加工界线的，称为平面划线，如图 2-1 所示。例如在板料、条料表面上划线，在复杂零件的几个互相平行的平面上划线都属于平面划线。平面划线是基本的划线方法，因此必须掌握。

（2）立体划线　在工件几个互成不同角度（通常是互相垂直）的表面上划线，才能明

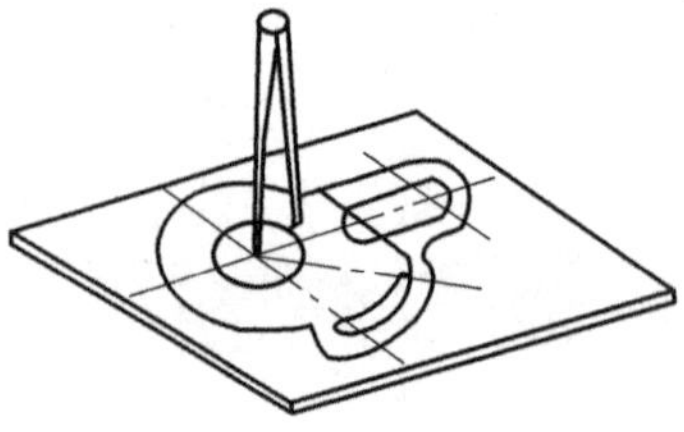

图 2-1　平面划线

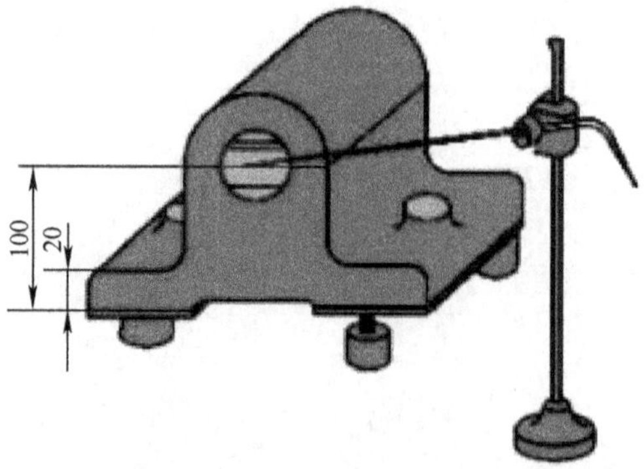

图 2-2　立体划线

确表示加工界线的，称为立体划线，如图 2-2 所示。例如划出矩形块各表面的加工线以及支架、箱体等表面的加工线都属于立体划线。工件的立体划线通常在划线平台上进行，划线时，工件多用千斤顶来支承，有的工件也可用方箱和 V 形铁等支承。

2. 划线的作用

划线不仅在毛坯表面上进行，也经常在已加工过的工件表面上进行。划线的作用主要有两个。

1）确定各表面的加工余量，确定孔的位置，使机械加工有明确的尺寸标志。

2）通过划线可以检查毛坯是否正确。毛坯误差小时，可以通过划线找正补救；无法找正补救的误差大的毛坯，也可通过划线及时发现，避免加工后造成损失。

划线是机械加工的主要工序之一，广泛应用于单件和小批量生产，是钳工必须掌握的一项重要操作技能。在划线前一定要看清图样，特别要注意视图方向。当划线发生错误或准确度太低时，就有可能造成工件报废。因此，划线时要全神贯注，反复核对尺寸和划线位置，小心仔细，避免出差错。

3. 划线基准的选择

所谓划线基准，是指在划线时选择工件上的某个点、线、面作为依据，用它来确定工件的各部分尺寸、几何形状及工件上各要素的位置。合理地选择划线基准是做好划线工作的关键，只有划线基准选择得好，才能提高划线的质量和效率，从而提高工件的合格率。

划线基准一般可根据以下三种类型进行选择。

1）以两个互相垂直的平面（或线）为基准，如图 2-3 所示。从该零件上互相垂直的两个方向的尺寸可以看出，每一方向的许多尺寸都是依照它们的外平面（在图样上是一条线）来确定的。此时，这两个外平面就分别是每一方向的划线基准。

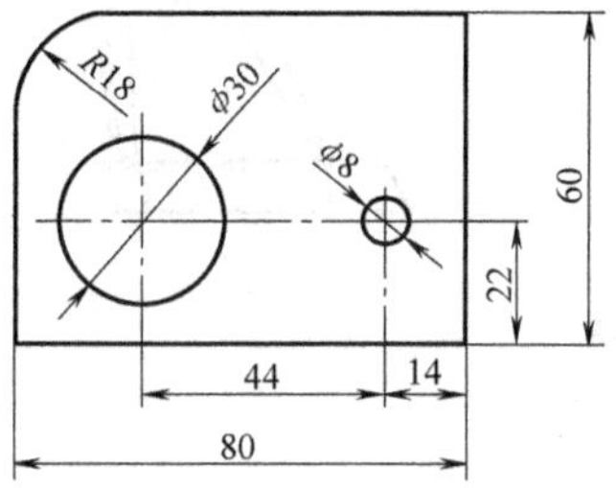

图 2-3 以两个互相垂直的平面为基准

2）以两条中心线为基准，如图 2-4 所示。该零件上两个方向的尺寸与其中心线具有对称性，并且其他尺寸也从中心线起始标注。此时，这两条中心线就分别是这两个方向的划线基准。

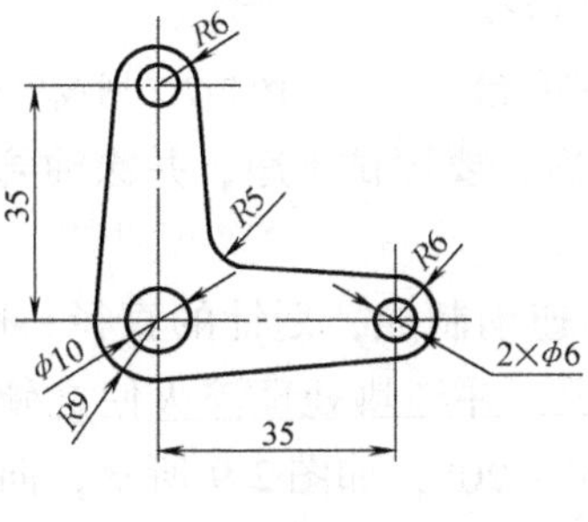

图 2-4 以两条中心线为基准

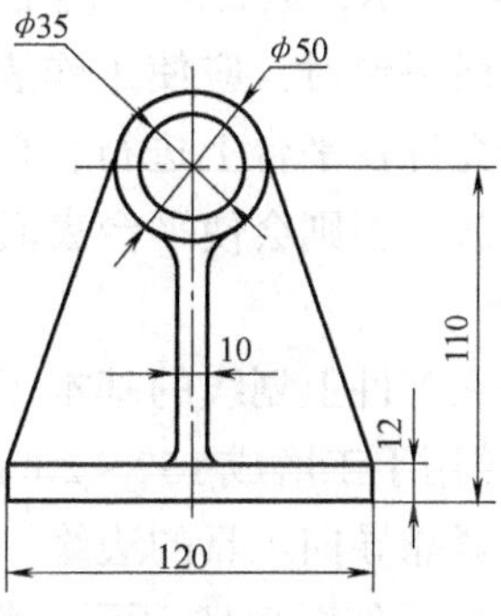

图 2-5 以一个平面和一条中心线为基准

3）以一个平面和一条中心线为基准，如图 2-5 所示。该零件上高度方向的尺寸是以底面为依据的，因此底面就是高度方向的划线基准；而宽度方向的尺寸与中心线对称，因此中心线就是宽度方向的划线基准。

4. 划线涂料

为使划出的线条清晰可见，划线前应在零件划线部位涂上一层薄而均匀的涂料。常用划线涂料的配方和应用场合见表 2-1。

表 2-1　常用划线涂料的配方和应用场合

名称	配方	应用场合
石灰水	稀糊状熟石灰水，加适量骨胶和桃胶	大中型铸件、锻件毛坯
蓝油	2%～4%龙胆紫（青莲、普鲁士蓝）加 3%～5%漆片（洋干漆）和 91%～95%酒精混合	已加工表面
硫酸铜溶液	100g 水中加 1～1.5g 硫酸铜和少许硫酸	形状复杂的工件或已加工表面

二、常用划线工具

1. 钢直尺

钢直尺是一种简单的尺寸量具，在尺面上刻有尺寸刻线，最小刻线距为 0.5mm，其长度规格有 150mm、300mm 和 1000mm 等多种，主要用来量取尺寸、测量工件，也可作为划线时的导向工具，如图 2-6 所示。

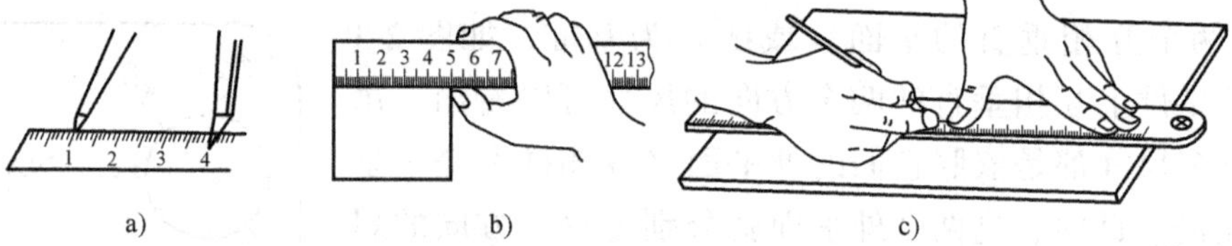

图 2-6　钢直尺的使用

a）量取尺寸　b）测量工件　c）划直线

2. 划线平台

划线平台由铸铁制成，工作表面（上平面）经过精刨或刮削加工，作为划线时的基准平面。划线平台一般用木架支承，如图 2-7 所示，放置时应使工作平面处于水平状态。

图 2-7　划线平台

使用划线平台时，应使工作表面保持清洁，防止平台受撞击，更不允许在平台上进行任何工作；工件和工具在平台上要轻拿轻放，否则会使平台表面划伤；使用划线平台后，要擦拭干净，并涂油防锈。

3. 划针

划针是在工件上划线的基本工具，由弹簧钢丝或高速钢制成，划针的直径一般为 $\phi3$～$\phi4$mm，尖端用手工磨成 15°～20°的尖角，如图 2-8 所示，并经热处理淬火使之硬化。划线时，针尖要紧靠导向工具的边缘，上部向外侧倾斜成 15°～20°，如图 2-9 所示，向划线方向倾斜 45°～75°，如图 2-10 所示。划线要一次划成，划出的线条要清晰、准确。

4. 划规（图 2-11）

划规用来划圆和圆弧、等分线段、等分角度以及量取尺寸等。划规两脚的长度要磨得稍有不等，而且两脚合拢时脚尖能靠紧。划规的脚尖应保持尖锐，以保证划出的线条清晰均匀。用划规划圆时，作为旋转中心的划规脚应加以较大的压力，避免中心滑动，另一脚以较轻的压力在工件表面划出圆和圆弧，如图2-12所示。

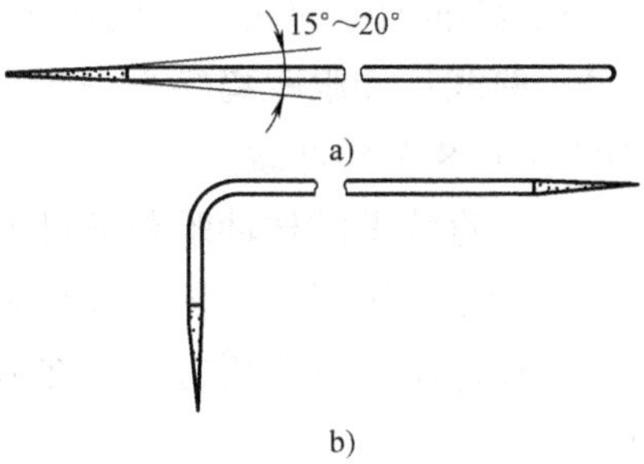

图 2-8　划针
a）直划针　b）弯头划针

5. 样冲

样冲用于在工件所加工线条上打样冲眼，作划圆弧或钻孔时的定位中心。样冲一般用工具钢制成，尖端处淬硬，其顶尖处角度为60°左右，如图 2-13 所示。

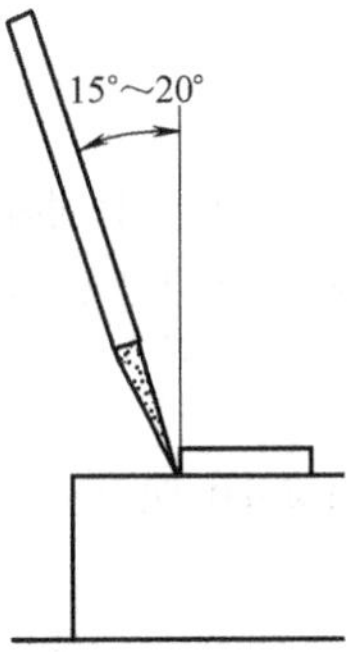

图 2-9　针尖倾斜角

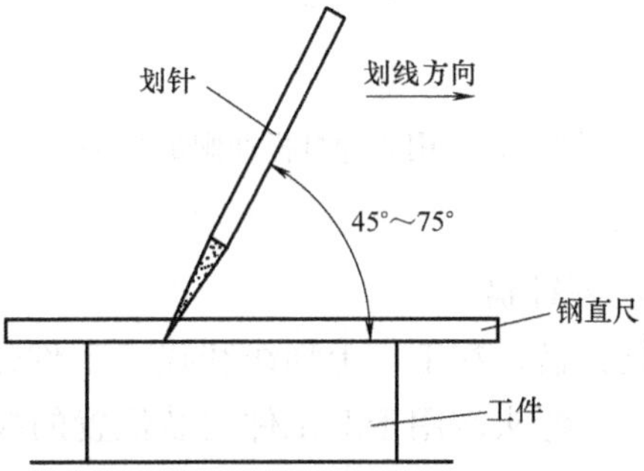

图 2-10　划线方向倾斜角

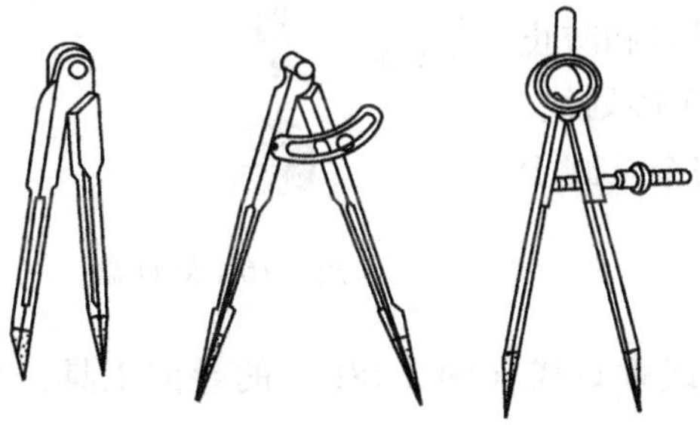

图 2-11　划规

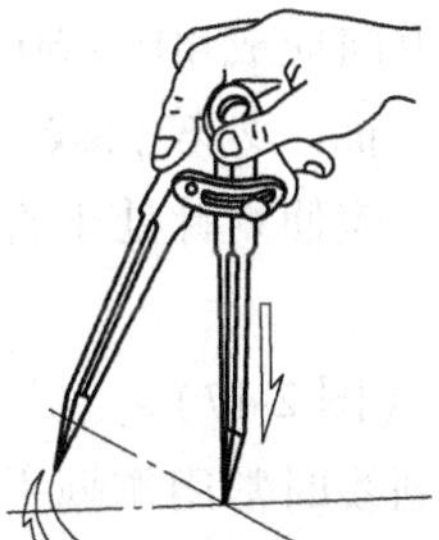
图 2-12　用划规划圆

在使用样冲的过程中要注意以下几点。

图 2-13　样冲

1）打样冲眼的方法：先将样冲外倾，如图 2-14a 所示，使尖端对准线的正中，手要握稳，然后立直打样冲眼，如图 2-14b 所示。

2）位置要准确，样冲眼不可偏离线条，如图 2-15 所示。

3）对打歪的样冲眼，应先将样冲斜放着向划线的交点方向轻轻敲打，当样冲眼的位置校正到已对准划好的线后，把样冲立直再打一下。

4）曲线样冲眼距离要小一些，小于 ϕ20mm 的圆周线应有 4 个样冲眼；大于 ϕ20mm 的圆周线应有 8 个样冲眼。

5）长直线上的样冲眼距离可大些，但短直线至少要有 3 个样冲眼。

6）线条转折点处必须打样冲眼。

7）样冲眼的深浅要适当，在薄壁上或光滑表面上样冲眼要浅些，粗糙表面上样冲眼要深些。

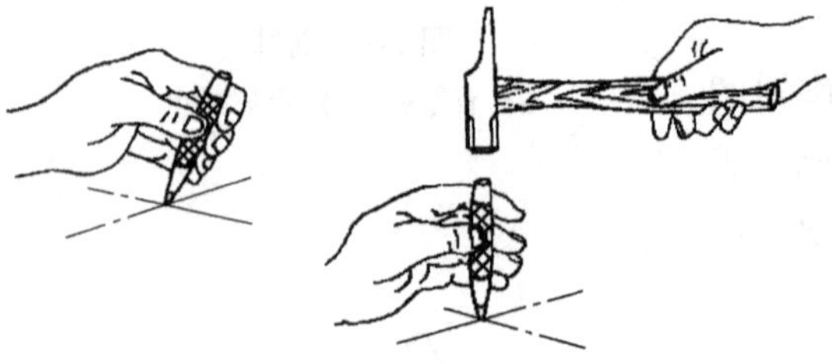

a)　　b)

图 2-14　用样冲打样冲眼的方法

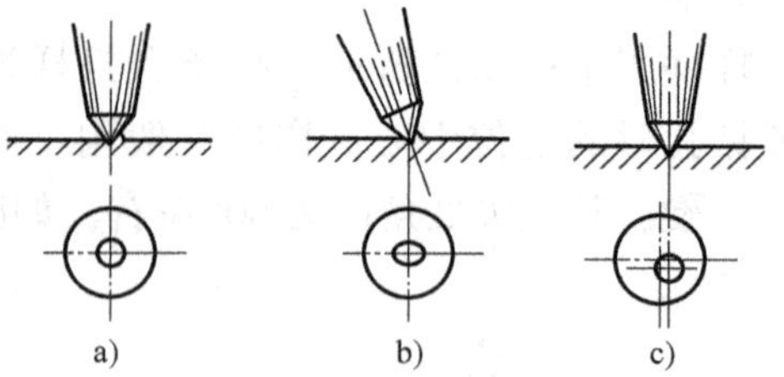

图 2-15　样冲眼

a）正确　b）不垂直　c）偏心

6. 划针盘

划针盘是在工件上划线和找正工件位置常用的工具，如图 2-16 所示。划针的直头端用来划线，弯头端用于对工件安装位置的找正。

在使用划针盘的过程中，划针伸出的长度应该尽量短些，并且夹紧要牢固，手握划针盘盘座，使盘座紧贴划线平台台面，这样划针盘的刚性较好，划针不会抖动。划针与工件表面沿划线方向应成 40°～60°角，以减少划线阻力和防止针尖扎入工件表面。划较长线段时，应采用分段连接划线。划针盘不用时，应使划针处于直立状态，以保证安全，减少所占空间。

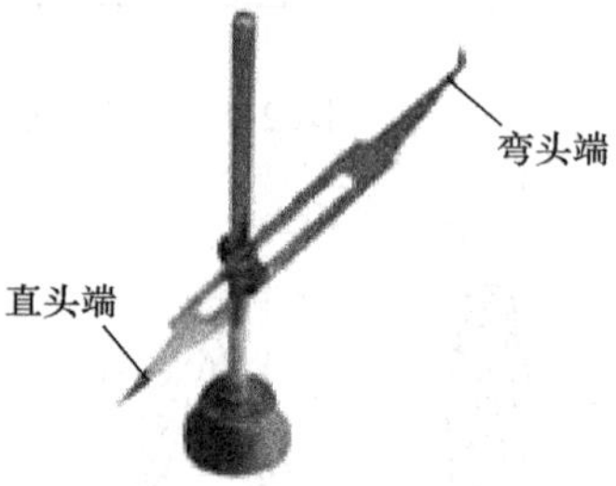

图 2-16　划针盘

7. 直角尺（图 2-17）

直角尺在划线时常用作划平行线（图 2-18a）或垂直线（图 2-18b）的导向工具，也可用来找正工件表面在划线平台上的垂直位置。

划线前，首先把直角尺和工件擦干净；划线时，直角尺尺座内侧要与基准面重合，沿直角尺另一边划线，就可得与工件基准边相垂直的线条。

8. 高度尺

图 2-19 所示为普通高度尺，由钢直尺和底座组成，用来给划针盘量取高度尺寸。图 2-20所示为高度游标卡尺，是普通高度尺和划针盘的组合，划针脚前端镶硬质合金，其读数精度一般为 0.02mm，可作为精密划线工具，读数方法与游标卡尺相同。高度游标卡尺要防止锈蚀，不用时应装入专用盒中。

9. 方箱

图 2-17　直角尺

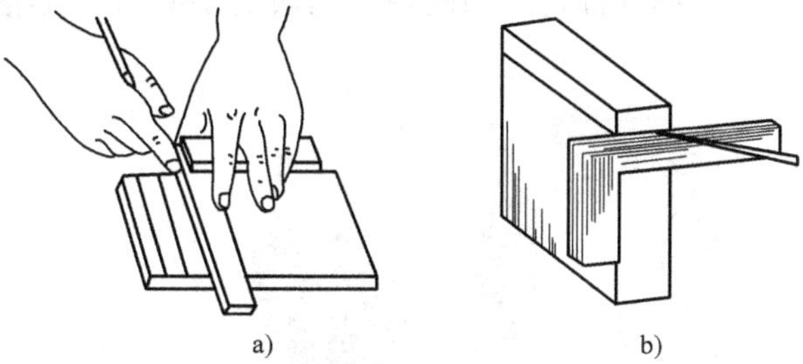

图 2-18　直角尺的使用

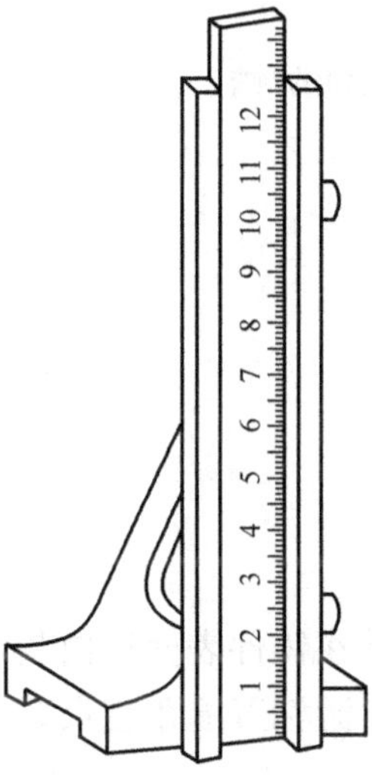

图 2-19　普通高度尺

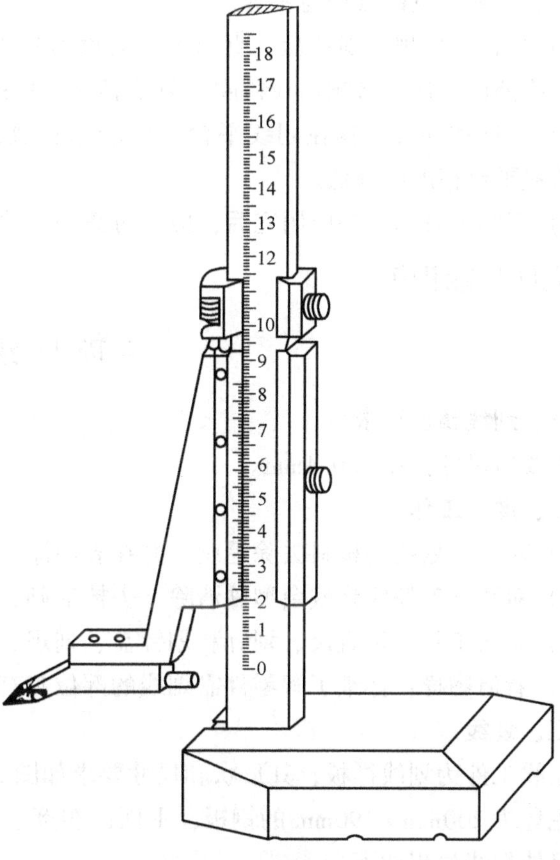

图 2-20　高度游标卡尺

方箱（图 2-21）是用灰铸铁制成的，一般是 100mm 见方，尺寸精度在 0.01mm 之内，相对平面互相平行，相邻平面互相垂直，允许误差均在 0.01mm 之内。划线时，可用 C 形夹头将工件夹于方箱上，再通过翻转方箱，便可在一次安装的情况下，将工件上互相垂直的线全部划出来。

10. V 形铁

V 形铁（图 2-22）主要用来安放轴、套筒、圆盘等圆形工件，以便找中心与划出中心线。一般 V 形铁都是一副两块，两块的平面与 V 形槽都是在一次安装中磨出的。

图 2-21　方箱

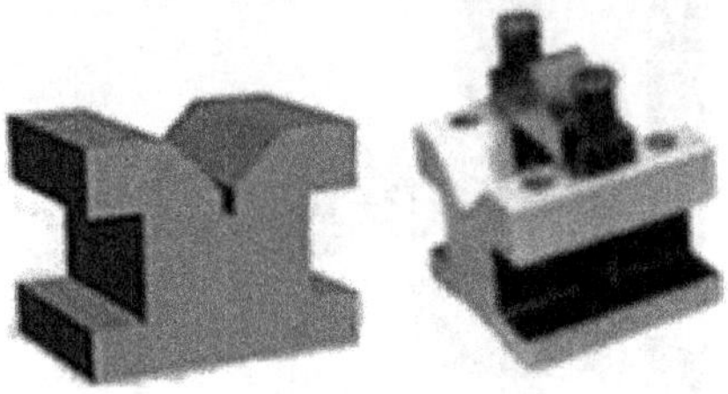

图 2-22　V 形铁

三、划线工具的维护与保养

1）划针、划规、划针盘、直角尺和高度游标卡尺等划线工具应妥善保管、准确摆放，避免划线部位损伤，影响划线精度（划线精度一般能达到 0.25 ~ 0.5mm）。

2）工件和划线工具在划线平台上应轻拿轻放，并尽可能减少摩擦，以免损伤划线平台，造成平台精度的降低。

3）划线工具和设备使用完后，应及时清理，擦拭干净，并涂油防锈。

划线技能训练

平面划线

一、划线精度要求

划线后尺寸公差为 0.4mm。

二、准备工作

1）对平面划线的板料去除毛刺，并在表面涂色。

2）对铸件毛坯应将残余型砂清除，去掉毛刺，錾平冒口，并在铸件表面涂白灰水。

3）划线工具：钢直尺、划针和划针盘、划规、样冲和手锤、游标万能角度尺。

4）看清图样：详细了解零件需划线的部位和有关加工尺寸。

三、划线

划线工件为划线样板，其形状和尺寸要求如图 2-23 所示。

毛坯为 200mm × 190mm 的钢板，平面已粗磨。根据图样要求要在板料上把全部线条划出，具体划线过程如下：

1）在 ϕ35mm 孔的中心划两条互相垂直的中心线 $A—A$ 和 $B—B$，以此为基准得圆心 O_1。

2）划 69mm 的水平线，得圆心 O_2，划出尺寸 84mm 的垂线，得圆心 O_3。

3）以 O_1 为圆心，R32mm 和 R50mm 为半径分别划弧；以 O_2 为圆心，R19mm 和 R50mm 为半径分别划弧；以 O_3 为圆心，R34mm、R52mm 和 R65mm 为半径分别划弧。

4）作出外形圆弧的公切线，并作出与外形圆弧公切线相平行的内形圆弧公切线（与外形圆弧公切线相距 31mm 的平行线）。

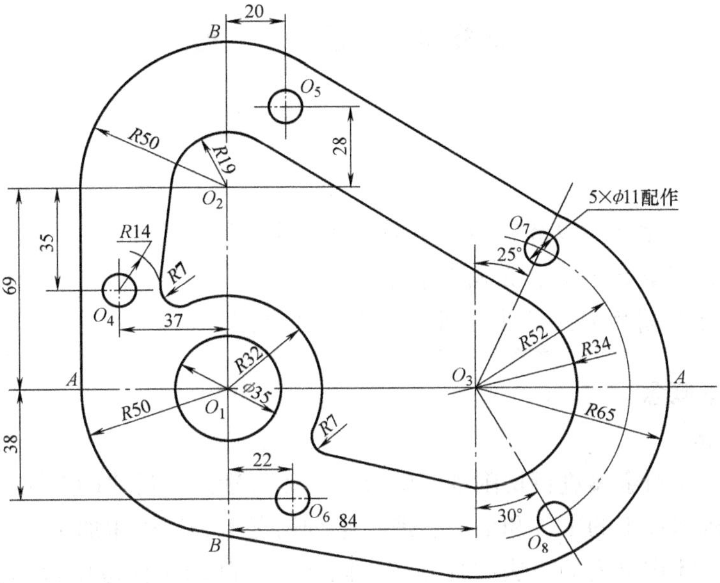

图 2-23　划线样板

5）划出尺寸为 38mm、35mm 和 28mm 水平线。

6）划出尺寸为 37mm、20mm 和 22mm 竖直线，得圆心 O_4、O_5、O_6。

7）求出两处 R7mm 圆弧的圆心，并划出两处 R7mm 的圆弧，分别与 R32mm 圆弧及直线相切。

8）通过圆心 O_3 点分别划 R52mm 圆心线成 25°和 30°角度线，得出圆心 O_7 和 O_8。

9）划出 ϕ35mm 和 5 × ϕ11mm 圆孔的圆心线。

在划线过程中，圆心找正后一定要打正样冲眼，以便用划规划圆和圆弧。

10）检查所划的线无误后，应在线条交点处及线条上按一定间隔打上样冲眼。

思考与练习

1. 什么是划线？划线分哪两种？划线的主要作用是什么？
2. 平面划线和立体划线时，各需要选择几个划线基准？
3. 划线基准选择有哪三种基本类型？
4. 划线涂料有哪几种类型？各适用于什么场合？
5. 常用的划线工具有哪几种？
6. 用划针划线的过程中需要注意什么问题？
7. 在样冲使用的过程中要注意哪几点？
8. 如何进行划线工具的维护与保养？

任务二　錾　　削

学习目标

1. 掌握錾削的姿势、动作、锤击要领和注意事项。
2. 根据加工材料的不同，正确刃磨錾子。
3. 掌握平面錾削的方法，并达到一定的錾削精度。

一、錾削基本概念

1. 錾削的概念

用锤子打击錾子对金属进行切削加工的方法称为錾削。在近代的金属切削加工中，某些不能或不便利用机床加工的工件和毛坯，或在某种情况下利用机床加工很麻烦，而用錾削反而方便的情况下，才用錾削的方法进行加工。因此，錾削的工作范围包括去除凸缘、毛刺、分割材料、錾油槽等，有时也作较小的表面粗加工。

2. 錾子

錾削用的工具，主要是锤子和錾子。

（1）錾子角度　錾子与其他刀具相同，必须具备以下两个基本条件。

1）切削部分的材料比工件的材料要硬。

2）切削部分的形状必须呈楔形。

为了获得一定的錾削质量和工作效率，对錾子刃口的几何角度及切削时所处的位置，都必须很好掌握。

錾子的几何角度及切削过程如图 2-24 所示。

錾子由头部、切削部分及錾身三部分组成，头部有一定的锥度，顶端略带球形，以便锤击时作用力容易通过錾子中心线。錾身多呈八棱形，以防止錾子转动。

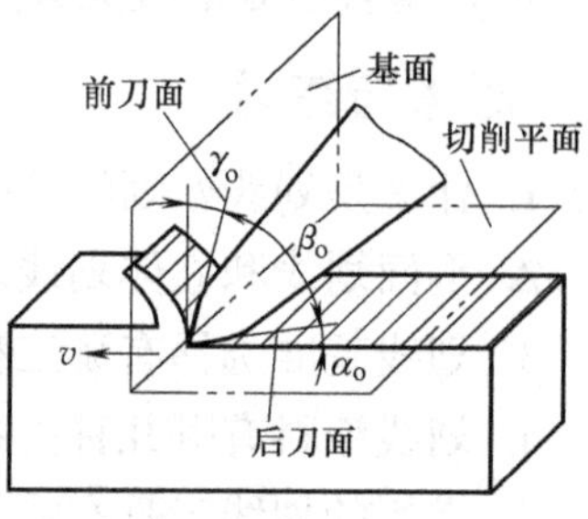

图 2-24　錾子的几何角度及切削过程

錾子的切削部分由前刀面、后刀面以及它们的交线形成的切削刃组成。

前刀面：切屑流经的表面。

后刀面：与切削表面相对的表面。

切削刃：前刀面与后刀面的交线。

基面：通过切削刃上任一点与切削速度垂直的平面。

切削平面：过切削刃任一点与切削表面相切的平面，图 2-24 中切削平面与切削表面重合。

錾削时形成的角度有以下三个。

①　楔角 β_o。錾子前刀面与后刀面之间的夹角称为楔角。楔角大小对錾削有直接的影响，楔角越大，切削部分的强度越高，錾削阻力越大。所以选择楔角时应在保证足够强度的

情况下，尽量取小的数值，具体如下：

錾削一般硬材料（钢、铸铁），楔角取 60°～70°；

錾削中等硬度材料，楔角取 50°～60°；

錾削铜、铝等软材料，楔角取 30°～50°。

② 后角 α_o。后刀面与切削平面之间的夹角称为后角。后角的大小由錾削时錾子被掌握的位置决定，一般取 5°～8°，作用是减小后刀面与切削平面之间的摩擦。后角不当会给錾削质量和速度带来不良影响。錾削时后角 α_o 太大，会使錾子切入材料太深，如图 2-25a 所示，錾子錾不动，甚至损坏錾子刃口；后角 α_o 太小，如图 2-25b 所示，錾子容易从材料表面滑出，同样不能錾削，即使能錾削，由于切入很浅，效率也不高。在錾削过程中应握稳錾子，使后角 α_o 不变，否则工件表面将錾得高低不平。除此之外，作用在錾子上的锤击力也不可忽大忽小，而且力的作用线要与錾子中心线一致。否则，錾削表面也将高低不平。

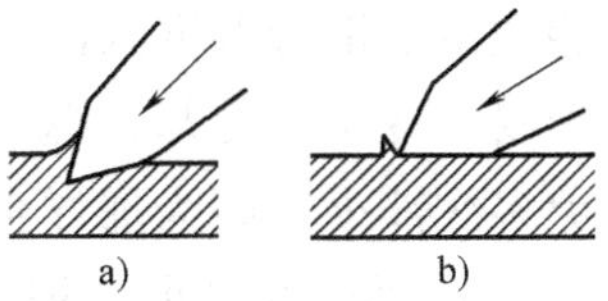

图 2-25　后角大小对錾削工作的影响

a）后角太大　b）后角太小

③ 前角 γ_o。前刀面与基面之间的夹角称为前角，其作用是在錾削时减小切屑的变形。前角越大，錾削越省力。由于基面垂直于切削平面，存在 $\alpha_o+\beta_o+\gamma_o=90°$ 关系，当后角 α_o 一定时，前角 γ_o 的数值由楔角 β_o 的大小决定。

（2）錾子的材料、种类和构造

1）錾子一般用碳素工具钢锻成，然后将切削部分刃磨成楔形，经热处理后其硬度可达到 56～62HRC。

2）钳工常用的錾子有阔錾（扁錾）、狭錾（尖錾）、油槽錾和扁冲錾四种，如图 2-26 所示。

阔錾用于錾削平面，切割和去毛刺；狭錾用于开槽；油槽錾用于錾切油槽；扁冲錾用于打通两个钻孔之间的间隔。

（3）錾子的刃磨　錾子的好坏直接影响到加工表面质量的优劣和生产率的高低。錾子经过一段时间的使用后，会磨损变钝，失去切削能力，这时就要修磨和刃磨。此外，在被锤击的过程中，錾子的头部会逐渐产生毛刺，也必须磨掉。修磨和刃磨都要在砂轮上进行。在某种情况下，例如錾削光滑的油槽和加工光洁的表面时，錾子在刃磨以后应再在油石上进行精磨。

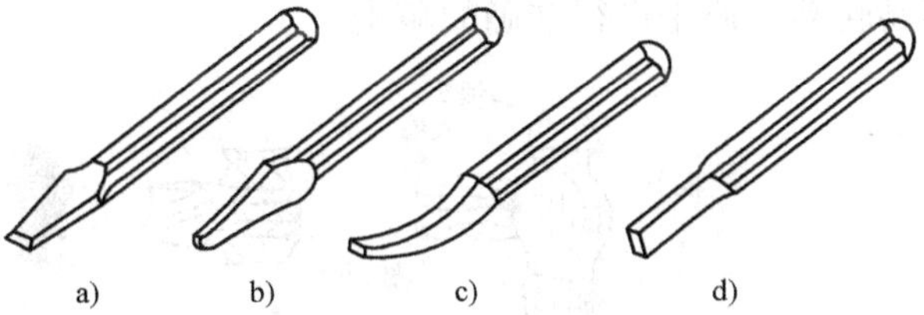

图 2-26　常用錾子

a）阔錾　b）狭錾　c）油槽錾　d）扁冲錾

刃磨錾子的方法是：将錾子置于旋转的砂轮轮缘，但必须高于砂轮的中心（图 2-27），使其在砂轮的全宽上作左右移动，要控制握錾子的方向和位置，保证磨出所需要的楔角。锋口的两面要交替刃磨，保证一样宽。錾子刃磨的正确与否，对于初学刃磨的人，可以用样板来检查。但经过多次实践后，也可以凭目测来判断刃磨的情况。

刃磨錾子的要求是：楔角的大小与工件硬度相适应；楔角被錾子中心线等分；锋口两面相交成一直线。

刃磨錾子应在砂轮运转平稳后才能进行。人的身体不准正面对着砂轮，以免产生事故。作用在錾子上的压力不能太大，不能使錾子部分温度太高，以免錾子退火。为此，必须经常将錾子浸入冷水中冷却，退了火的錾子必须重新淬火，但一般应避免多次淬火，因为那样会使錾子脱碳而淬不硬或淬火时容易崩裂。

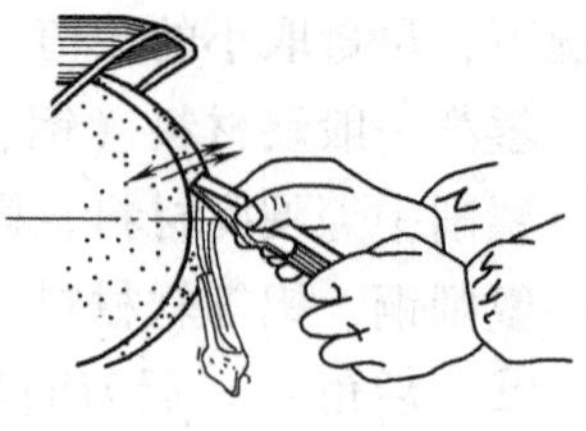

图 2-27　錾子的刃磨

（4）錾子的淬火　锻好的錾子一定要经过淬火后才能使用。为了防止錾子淬火后在刃磨时退火，并便于淬火时观察，一般把锻好的錾子粗磨后进行淬火。碳素工具钢热处理时，把錾子切削刃部加热到 750 ~ 780℃（呈暗樱红色）后取出，迅速垂直地放入冷水中约 4 ~ 6mm，并沿水面微微作水平移动，如图 2-28 所示。当錾子露出水面的部分呈黑色时，由水中取出，利用上部热量进行余热回火。这时要注意观察錾子的颜色，一般刚出水时的颜色是白色的，刃口的温度逐渐上升后，颜色也随着改变，由白色变成黄色，再由黄色变成蓝色。当呈现黄色时，把錾子全部放入水中冷却，这种回火温度称为“黄火”。当錾子呈现蓝色时，把錾子全部放入冷水中冷却，这种回火温度称为“蓝火”。只有通过不断地实践，才能熟练地得到理想的錾子硬度。

图 2-28　錾子的淬火

3. 锤子

锤子是钳工常用的敲击工具，由锤头、木柄和楔子组成，如图 2-29 所示。锤子的规格以锤头的质量来表示，有 0.5kg、1kg 和 1.5kg 等。锤头用 T7 钢制成，并经热处理淬硬。木柄用比较坚韧的木材制成，常用的 0.5kg 锤柄长约 350mm，木柄装在锤头中，必须稳固可靠，要防止脱落造成事故。为此，装木柄的孔做成椭圆形，且两端大中间小。木柄敲紧在孔中后，端部再打入楔子可防松动。木柄做成椭圆形除可防止锤头孔发生转动外，握在手中也不易转动，便于进行准确的敲击。

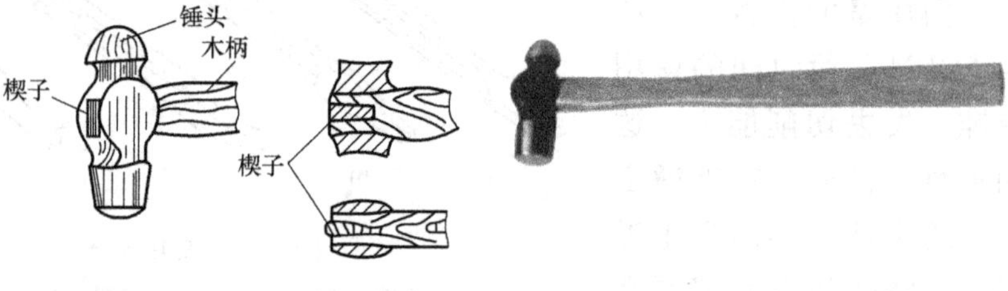

图 2-29　锤子

二、錾削基本操作

1. 錾削姿势

（1）锤子的握法

1）紧握法。右手五指紧握锤柄，大拇指合在食指上，虎口对准锤头方向，木柄尾端露出 15 ~ 30mm。在挥锤和锤击的过程中，五指始终紧握，如图 2-30 所示。

2）松握法。只用大拇指和食指始终紧握锤柄。在挥锤时，小指、无名指和中指则依次放松。在锤击时，又以相反的次序收拢紧握，如图 2-31 所示。

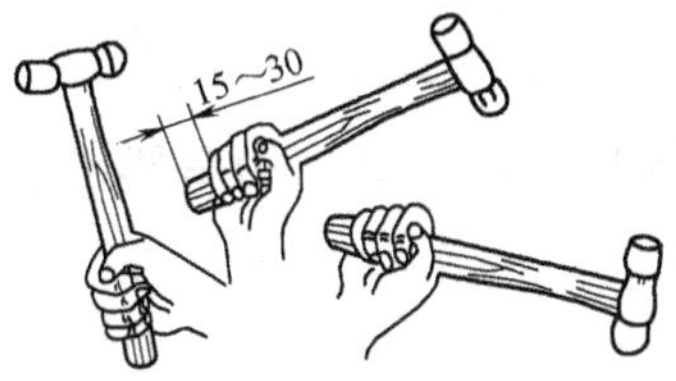

图 2-30　锤子的紧握法

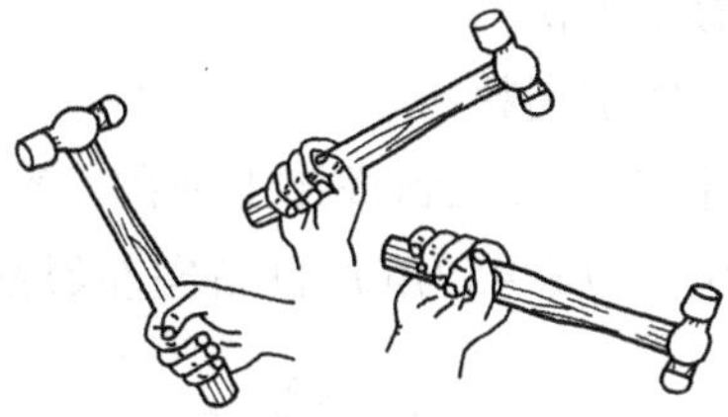

图 2-31　锤子的松握法

（2）錾子的握法

1）正握法。手心向下，腕部伸直，用中指和无名指握住錾子，小指自然合拢，食指和大拇指自然伸直地松靠，錾子头部伸出约 20mm，如图 2-32a 所示。

2）反握法。手心向上，手指自然捏住錾子，手掌悬空，如图 2-32b 所示。

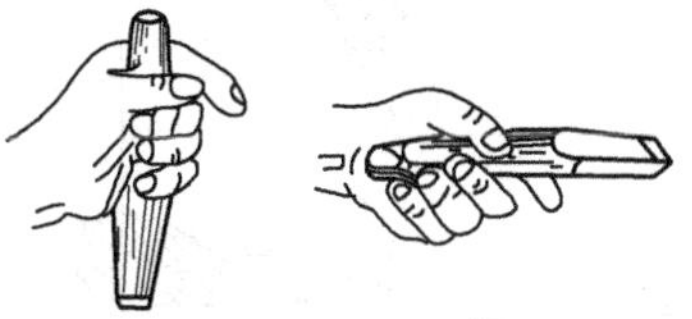

a)　　b)

图 2-32　錾子的握法

a）正握法　b）反握法

（3）挥锤方法

1）腕挥（图 2-33a）。仅挥动手腕进行锤击运动，采用紧握法握锤，腕挥约 50 次/min，用于錾削余量较少及錾削开始或结尾。

2）肘挥（图 2-33b）。手腕与肘部一起挥动进行锤击运动，采用松握法，肘挥约 40 次/min,用于需要较大力的錾削。

3）臂挥（图 2-33c）。手腕、肘和全臂一起挥动，其锤击力最大，用于需要大力的錾削。

a)　　b)　　c)

图 2-33　挥锤方法

a）腕挥　b）肘挥　c）臂挥

（4）錾削站立的姿势　錾削时要充分发挥较大的敲击力量，操作者必须保持正确的站立姿势，如图 2-34 所示，左脚跨前半步，两腿自然站立，人体重心稍微偏向右方，视线要落在工件的切削部分。

（5）锤击要领

1）挥锤的要领：肘收臂提，举锤过肩；手腕后弓，三指微松；锤面朝天，稍停瞬间。

2）锤击的要领：目视錾刃，臂肘齐下；收紧三指，手腕加劲；锤錾一线，锤走弧形；

左脚着力，右腿伸直。

3）锤击的要求：稳——节奏平稳；准——锤击正确；狠——锤击有力。

2. 錾削方法

（1）錾削板料

1）将工件夹在台虎钳上錾削。錾削时，板料按划线与钳口平齐，用扁錾沿着钳口并斜对着板料（约成45°角）自右向左錾削，如图2-35所示。

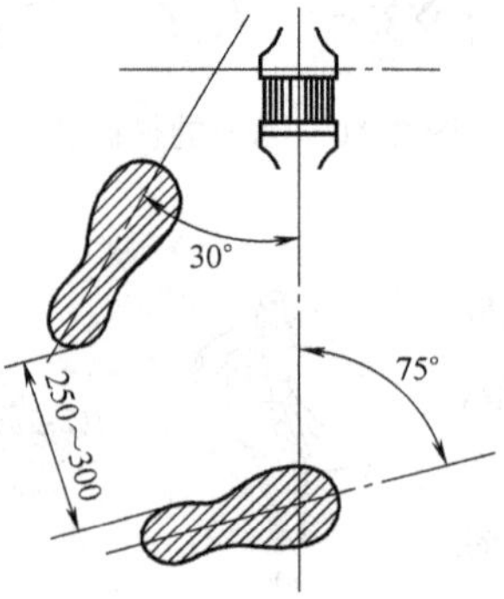

图2-34　錾削时的站立姿势

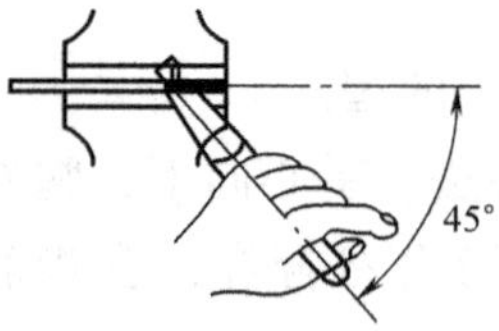

图2-35　錾削板料

2）錾削时，錾子刃口不可正对板料錾削，否则由于板料的弹动和变形，易造成切断处不平整或出现裂缝，如图2-36所示。

3）用密集钻孔配合錾子錾削。当工件轮廓线较复杂的时候，为了减少工件变形，一般先按轮廓线钻出密集的排孔，然后再用扁錾、尖錾逐步进行錾削，如图2-37所示。

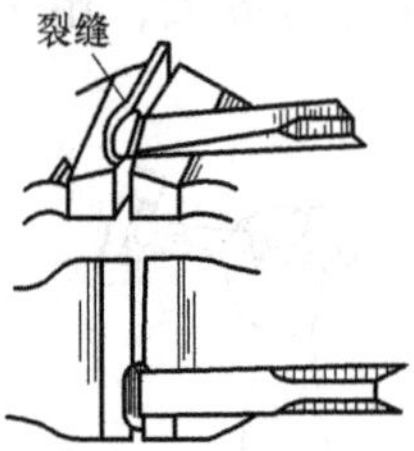

图2-36　不正确的錾削薄料方法

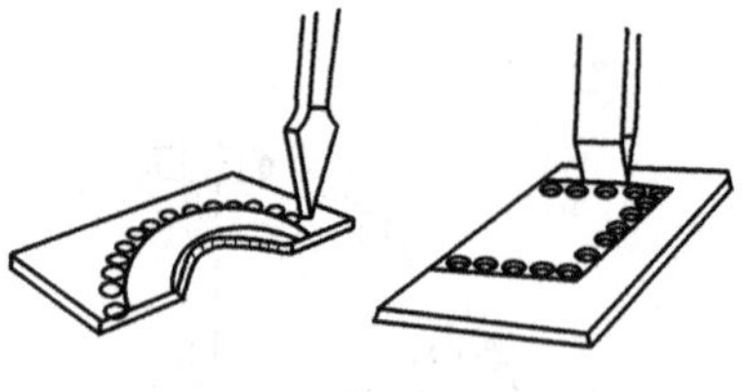

图2-37　用密集钻孔配合錾削

（2）錾削平面

1）起錾与终錾。在錾削平面时采用斜角起錾。先在工件的边缘尖角处，轻轻敲打錾子，錾削出一斜面，同时慢慢地把錾子移向中间，然后按正常錾削角度进行錾削，如图2-38所示。

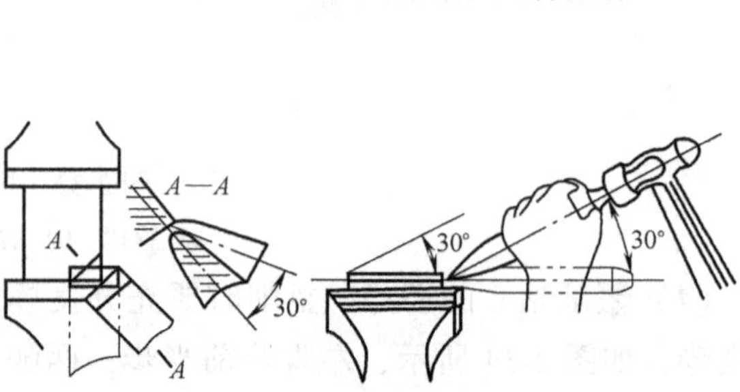

图2-38　起錾方法

在錾削槽时应采用正面起錾，錾子刃口要贴住工件端面，先錾削出一个斜面，然后按正常錾削角度进行。

錾削即将结束时，要防止工件边缘材料崩裂。当錾削接近尽头10～15mm时，必须调头錾去余下部分，尤其是錾削铸铁、青铜等脆性材料更应如此，否则尽头处就会崩裂，如图 2-39所示。

2）錾削平面。用扁錾每次錾削厚度 0.5～2mm。在錾削较宽的平面时，一般先用尖錾以适当间隔开出工艺直槽，然后再用扁錾将槽间凸起部分錾平，如图 2-40 所示。

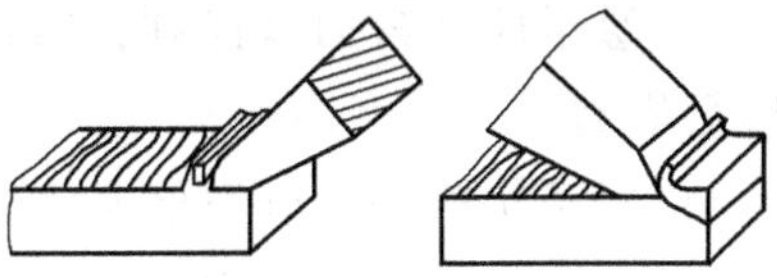

图 2-39　终錾方法
a）正确　b）错误

在錾削较窄的平面时，錾子切削刃与錾削前进方向倾斜一个角度，使切削刃与工件有较多的接触面，这样錾削过程中易使錾子掌握平稳，如图 2-41 所示。

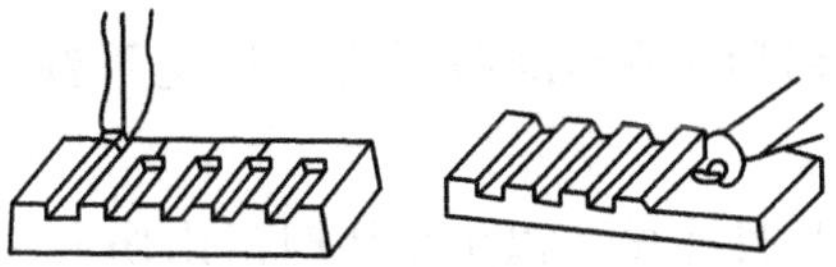

图 2-40　錾削宽平面

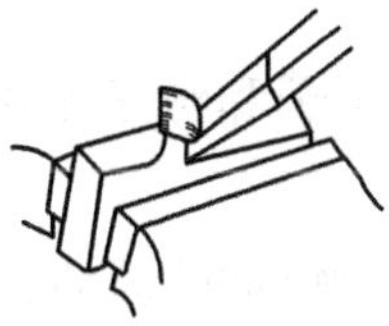

图 2-41　錾削窄平面

（3）錾削油槽　首先将油槽錾切削刃刃磨成图样要求的断面形状。其錾削平面上油槽的方法同平面錾削方法相似。曲面上的油槽錾削应保持錾子后角不变，錾子随曲面曲率改变倾角，錾后用锉刀、油石修整毛刺。

3. 錾削时常见缺陷分析

錾削时常见缺陷及原因分析见表 2-2。

表 2-2　錾削时常见缺陷及原因分析

缺陷形式	原因分析
錾子刃口崩裂	1. 錾子刃部淬火硬度值过高，回火不好 2. 工件硬度太高 3. 锤击力过猛
錾子刃口卷边	1. 錾子刃口淬火硬度偏低 2. 楔角太小 3. 錾削量太大
錾削超越尺寸线	1. 工件装夹不牢 2. 起錾超线 3. 錾子方向掌握不正，偏斜越线
工件棱边、棱角崩缺	1. 錾子刃口后部宽于切削刃部 2. 錾削收尾方法不对 3. 錾削过程中錾子左右摇晃，方向掌握不稳
錾削表面凸凹不平	1. 錾子刃口不锋利 2. 錾子掌握不正，左右偏摆 3. 錾削时后角过大或时大时小 4. 锤击力不均匀

三、錾削时注意事项

1）錾削脆性金属时，要从两边向中间錾，以免把边缘的材料崩裂。

2）錾子应经常刃磨锋利，刃口钝了不但效率不高，而且錾出的表面也较粗糙，切削刃也容易崩裂。

3）錾子头部的毛刺要经常磨掉，以免伤手。

4）发现锤柄松动或损坏，要立即装牢或更换，以免锤头飞出发生事故。

5）錾削的时候，最好周围有安全网，以免錾下来的金属碎片飞出伤人。錾削时操作者最好戴上防护眼镜。

6）保持正确的錾削角度。如果后角太小即錾子放得太平，用锤子锤击时，錾子容易飞出伤人。

7）錾削时錾子和锤子不准对着旁人，操作中握锤的手不准戴手套，以免手锤滑出伤人。

8）尽量保持锤柄的清洁，沾上油污等污物时应及时擦拭，以免使用时滑出伤人。

9）每錾削两三次后，可将錾子退回一些。刃口不要老是顶住工件，这样既可随时观察錾削的平整度，又可使手臂肌肉放松一下，下次錾削时刃口再顶住錾削处。如此有节奏地工作，既便于控制錾削层，又可使手臂适当休息，效果较好。

錾削技能训练

平面錾削

一、制件尺寸及技术要求

錾削平面，工件如图 2-42 所示，毛坯尺寸为 95mm × 75mm × 34mm，材料为 HT150。

技术要求：90mm、70mm 和 28mm 的三处，各自的最大尺寸和最小尺寸的差值（控制平行度误差）不得大于 1.6mm。

二、操作步骤

1）对锻好的三把阔錾和一把狭錾进行刃磨和热处理，使其达到使用要求。

2）完成件 1（图 2-42a）的錾削加工。

① 用阔錾并采用较大的錾削量先錾去 A 面的各槽间凸起部分；在基本錾平后，再作一次细錾修整，使平面的平面度误差小于 0.7mm，且錾痕整齐、方向一致。

② 以 A 面为基准划出厚度尺寸为 28mm 的加工线。

③ 按件 1 的形状要求錾去中间部分，达到尺寸 28 ± 1mm 的要求，并使平面的平面度误差小于 0.7mm。

④ 錾去两端 19mm 凸台面上的氧化皮，并保证尺寸 32mm。

3）完成件 2（图 2-42b）的錾削加工。

① 检查来料尺寸并清理毛坯件。

② 在平板上利用划针盘将工件四周划出厚度为 28 ± 1mm 的平面加工线（一面须划出直向开槽线，另一面仅划出平面加工线）。

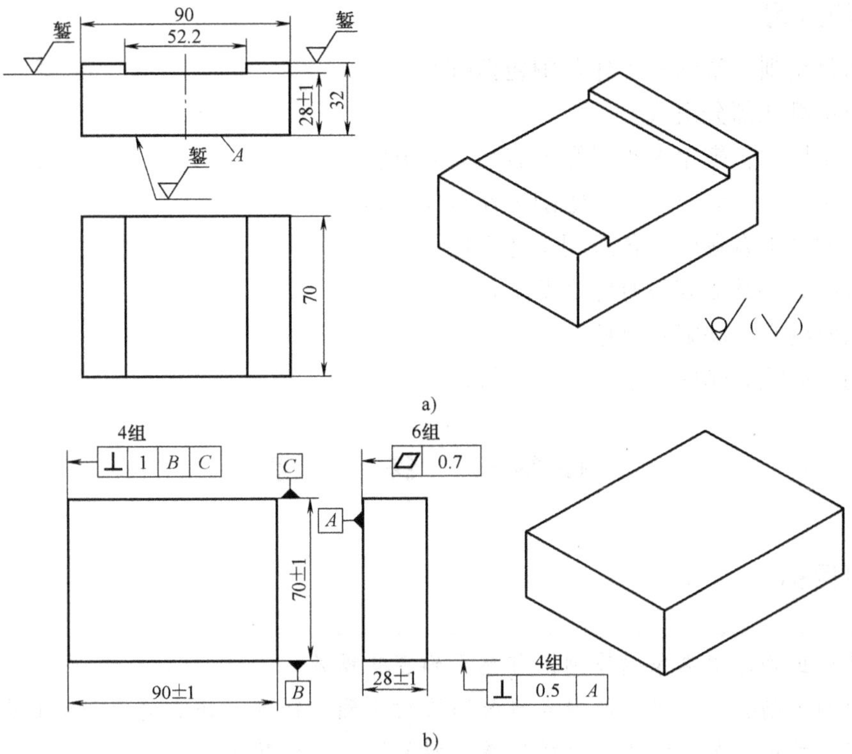

图 2-42　平面錾削

a）件 1　b）件 2

③　先用狭錾錾出直槽，然后用阔錾以较大的錾削量錾去槽间凸起部分，最后顺直向作平面的修整錾削，达到平面度误差小于 0.7mm 的要求，且錾痕整齐（作为基准面 A）。

④　用阔錾顺直向粗、细錾另一面，达到图样有关技术要求。

⑤　划出宽度为 70 ± 1mm 的平面加工线，用阔錾进行粗、细錾，以达到图样有关技术要求。

⑥　划出宽度为 90 ± 1mm 的平面加工线，用阔錾进行粗、细錾，以达到图样有关技术要求。

⑦　复检全部錾削质量，并作必要的修整加工。

三、注意事项

1）在采用较大錾削量进行粗錾时，要把注意力集中在进一步巩固正确的錾削姿势以及不断提高锤击力量和锤击的准确性上，同时要注意操作上的安全和防止工件端部产生崩裂现象。

2）在精錾平面时，要点是掌握錾子的准确刃磨，錾子的握正、握稳和切削角度的及时调整变化，以及锤击力量的均匀适当和及时调整变化方法等，使平面錾削平整。

3）为了使所划出的平面加工线成为控制尺寸的准确界线，在按上述步骤划出各对应面的平面加工线后，还需在加工好一个平面后，再以该面为基准进行第二次划线，以消除已加工面对已划平面加工线之间的误差。

思考与练习

1. 什么是錾削？錾削的工作范围包括哪些？
2. 錾子由哪几部分组成？
3. 什么是楔角？楔角大小对錾削有什么影响？
4. 什么是后角？后角大小对錾削工作有什么影响？
5. 錾子的种类有哪些？各应用于什么场合？
6. 对錾削时的站立姿势有什么要求？
7. 錾削时的常见缺陷有哪些？
8. 錾削时应注意哪些安全文明生产知识？

任务三　锯　　削

学习目标

1. 掌握正确选用锯条的原则，并能正确装夹锯条。
2. 做到锯削姿势正确，能对各种材料进行正确的锯削，并能达到一定的锯削精度。
3. 能够解决锯削过程中产生的锯缝歪斜问题，有效防止锯条折断。
4. 了解锯削操作的注意事项。

一、锯削工具

用手锯对材料或工件进行切断或切槽的操作称为锯削。锯削工件的平面度误差最低可达0.2mm。手锯由锯弓和锯条组成。

1. 锯弓

锯弓用来夹持锯条，有可调式（图2-43a）和固定式（图2-43b）两种。固定式锯弓是一个整体，只能安装规定长度的锯条；可调式锯弓分为两部分，前半部分可在后半部分中伸出缩进，可通过调整前一部分来安装不同长度的锯条。另外，可调式锯弓其握手的形状便于施力，目前被广泛使用。

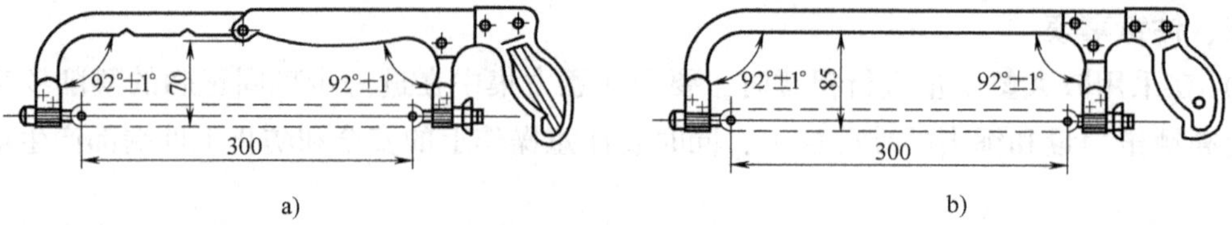

图2-43　锯弓的形式
a）可调式　b）固定式

2. 锯条

锯条一般用碳素工具钢或合金钢制成，并经热处理淬硬。为保证锯削质量，在锯削过程中，应根据工件材料的硬度、尺寸、形状及表面质量等要求合理选用锯条。

手锯上所用的锯条主要是单面齿锯条。锯削时，锯条锯入工件越深，锯缝两边对锯条的摩擦阻力就越大，甚至把锯条咬住。为避免锯条在锯缝中被咬住，一般将锯齿左右错开，形成交叉形或波浪形锯路，如图2-44所示，使锯缝宽度大于锯条背部宽度。

图2-44 锯路
a）交叉形 b）波浪形

二、锯削操作方法

1. 工件的夹持

工件的夹持应该稳定、牢固、不可动弹。工件一般应装夹在台虎钳的左面，以便操作；工件伸出钳口不应过长（应使锯缝离开钳口侧面约20mm），防止在锯削时产生振动；锯缝线要与钳口侧面保持平行，便于控制锯缝，使其不偏离划线线条。对较大工件的锯削，无法装夹在台虎钳上时，可以在原地进行锯削。

2. 锯条的安装

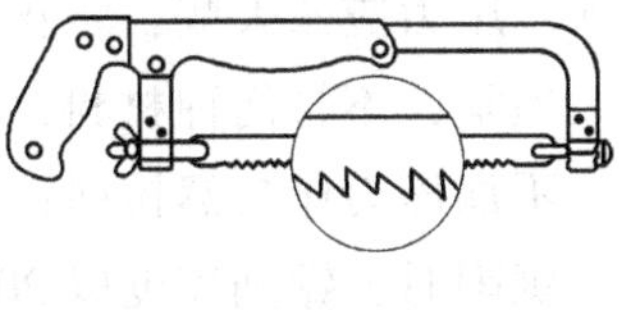

图2-45 锯条的安装

手锯在向前推的时候才起切削作用，因此安装锯条时应使齿尖的方向向前，如图2-45所示。在调节锯条松紧时，通过翼形螺母来控制，锯条不能太紧或太松。太紧就失去了应有的弹性，在锯削中用力稍有不当，锯条就会折断；太松会使锯条发生扭曲，也容易折断，且在锯削时锯缝容易歪斜。其松紧程度以用手扳动锯条，感觉硬实即可。锯条装好后应检查锯条是否歪斜扭曲，要保证锯条平面与锯弓中心平面平行，如有歪斜、扭曲，则要校正。

3. 锯削姿势

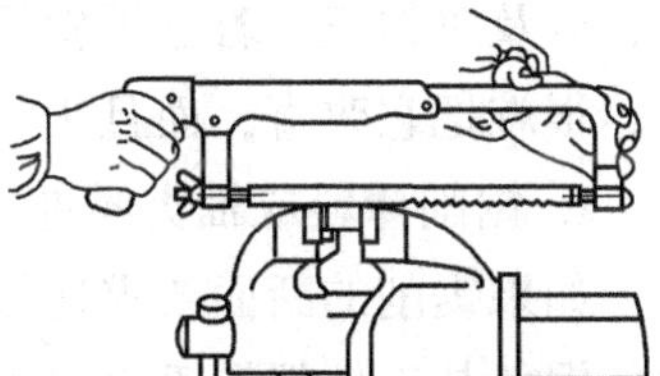

图2-46 手锯的握法

锯削时的站立位置与錾削基本相似。握锯弓的时候，要舒展自然，右手满握锯柄，左手轻扶锯弓前端，如图2-46所示。

4. 起锯

起锯是锯削工作的开始。起锯质量的好坏，直接决定锯削的质量。

起锯有远起锯和近起锯两种方法，如图2-47所示。无论是远起锯还是近起锯，起锯角以15°为宜，如图2-47a、b所示。如果起锯角太大，则起锯不易平稳，尤其是在近起锯时锯齿会被工件棱边卡住，引起崩裂。

起锯时，压力要小、速度要慢。为了使起锯顺利，一般用左手大拇指挡住锯条，如图2-47c所示，使它在正确的位置开始锯削。起锯锯到槽深为2～3mm时，锯条已不会滑出槽外，左手大拇指可离开锯条，然后进行正常锯削。正常锯削时，往复行程不宜过短，往复长度不小于锯条全长的2/3。

5. 锯削压力和速度

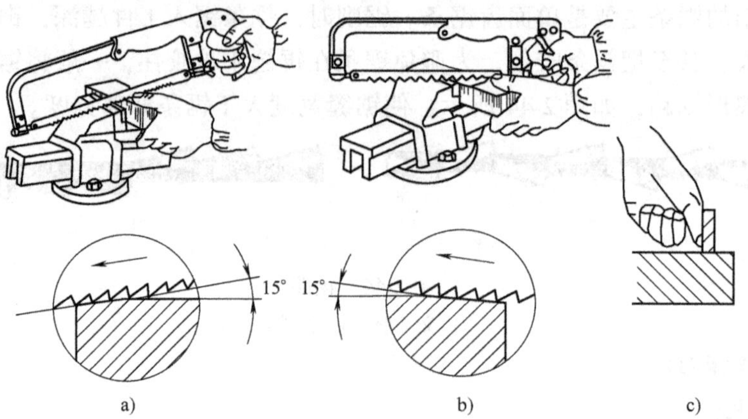

图 2-47　起锯方法

a）远起锯　b）近起锯　c）用拇指引导起锯

在锯削的时候，压在锯条上的压力和锯条在工件上往复运动的速度，都影响到锯削效率和锯条的使用寿命。因此，合理选用锯削压力和速度非常重要。

锯削时，推力和压力由右手控制，左手主要配合右手扶正锯弓。锯削硬材料时，因不易切入，压力应该大些，防止产生打滑现象；锯削软材料时，压力应该小些，防止产生咬住现象。但是，不管何种材料，锯削时，手锯推出时为切削行程，应施加压力；返回行程不切削，不加压力作自然拉回；工件将断时压力要小。

锯削时，锯削速度以 20～40 次/min 为宜。锯削软材料时，速度可以快些；锯削硬材料时，速度可以慢些。

三、各种材料的锯削方法

锯削前，首先在原材料或工件上划出锯削线条，划线时应考虑锯削后的加工余量。锯削时精力应集中，要始终使锯条与所划的线重合，这样才能得到理想的锯缝。如果锯缝有歪斜，应及时纠正。若已歪斜很多，应改从工件锯缝的对面重新起锯。如果不换方向而硬改锯缝，很难把它改直，而且很可能折断锯条。

1. 锯削棒料或轴类零件

如果锯削的断面要求比较平整、光洁，应从头锯到底。锯削棒料或轴类零件时应夹平，并使锯条与工件保持垂直（指所锯的断面与棒料中心线垂直），以防止锯缝歪斜。

当锯削的断面要求不高时，锯时允许渐渐变更起锯方向，这种方法比在一个地方锯削时的抗力小，容易切入。

2. 锯削管子

锯削管子的时候，把管子水平地夹在台虎钳内，但要注意不要把管子夹扁。特别对于薄壁管子和精加工过的管子，都应夹在 V 形木垫之间，如图 2-48 所示。锯削时，不可一下子从一个方向锯到底，否则锯齿会被钩住，如图 2-49a 所示。尤其是在锯薄壁管子时，锯齿更容易因钩住而崩裂。而且这样锯削的锯缝，因为锯条跳动，也不会平整，所以锯削时锯到管子内壁上面就要停止，然后把管子向推锯的方向转过一些，如图 2-49b 所示，锯条仍然保持原有的锯缝继续锯下去，这样不断转锯，直到锯断为止。

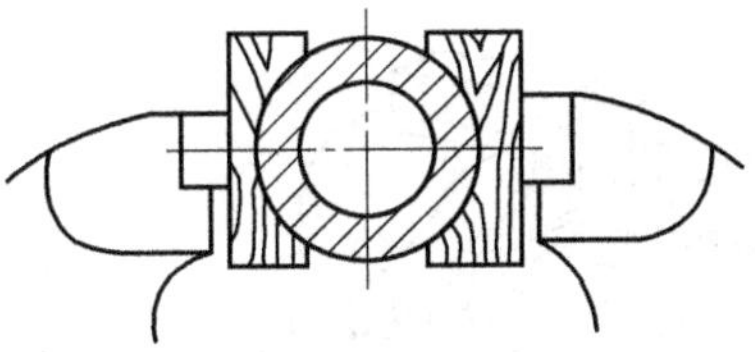

图 2-48　管子的夹持

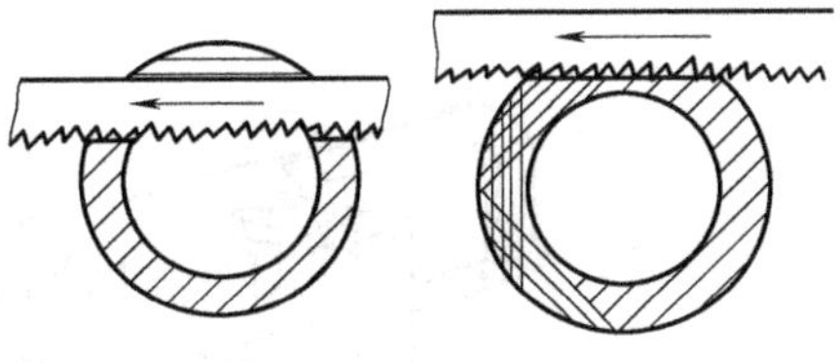

a)　　b)

图 2-49　管子的锯削

a）错误锯削　b）转位锯削

3. 锯削条料、扁钢和薄板

锯削条料和扁钢时，尽可能从宽的一面锯下去。这样锯条来回的次数比较少，减少了锯齿钩住和崩裂的危险，从而保护了锯条，又增加了锯条的有效使用长度。如果从窄的一面锯削，因为只有很少的锯齿和钢料接触，工件越薄，锯齿就越容易被钩住而崩裂。因此，在锯削薄板时，为了增加锯条同时工作的齿数，并使工件刚性较好，往往把一块或几块薄金属板夹于台虎钳内的木垫之间，连木垫一起锯削，如图 2-50 所示。

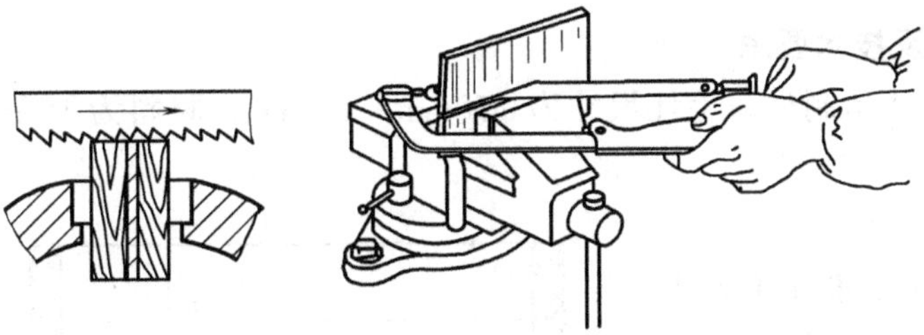

a)　　b)

图 2-50　板料的锯削

a）锯条运动的方向　b）锯削的姿势

4. 锯削深缝

需锯削材料的锯缝比较深时，先用正常安装的锯条一直锯到锯弓将要碰到工件为止，如图 2-51a 所示。为防止工件弹动，工件应逐渐在台虎钳中升高。当锯到将要碰到锯弓时，把锯条旋转 90°重新安装，使锯弓转到工件的旁边，如图 2-51b 所示，继续锯削到划线处为止。

四、锯削时存在的问题

（1）锯缝歪斜　其原因是起锯线与钳口不平行，往复锯削时不在一条直线上，锯弓左右偏斜。

（2）锯条折断　其原因是锯条装得过松或过紧，工件没有夹紧或伸出过长而引起锯削时抖动，锯削时压力过大。正确的锯削方法应是用力均匀，前推时加压，返回时轻轻滑过。

（3）锯齿崩裂　其原因是锯齿粗细选择不当，起锯方向和角度不对。锯削时应根据工件的材料及厚度选择合适的锯条，起锯角度不超过 15°。

（4）锯齿磨损过快　其原因是锯削速度过快，未使锯条全长工作。

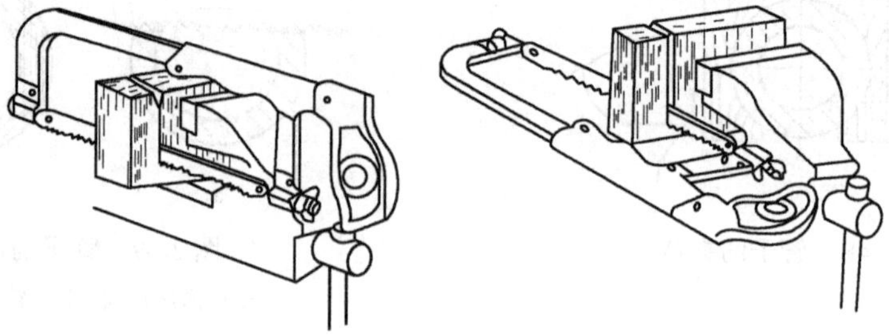

图 2-51 深缝的锯削

a）锯弓与深缝平行 b）锯弓与深缝垂直

锯削技能训练

圆棒料锯削

一、制件尺寸及技术要求

锯削如图 2-52 所示制件，毛坯尺寸为 ϕ50mm×170mm，材料为 35 钢。

二、操作要点

1）检查来料尺寸。

2）按图样技术要求在毛坯上划出尺寸 150±0.3mm 的加工线。

3）在台虎钳上将毛坯夹牢，选用细齿锯条，按照所划线条，锯下端面余量即可。

4）复检，去毛刺。

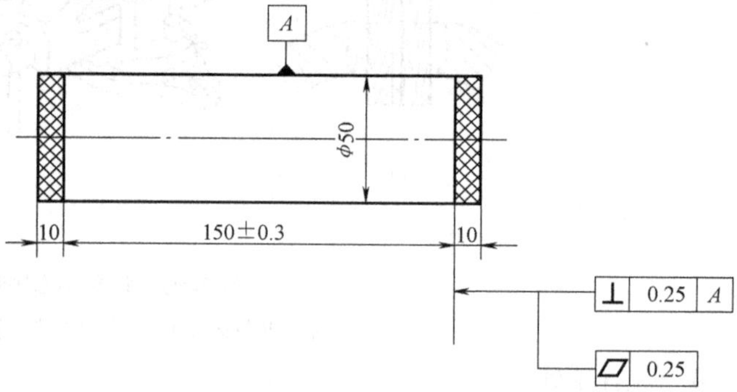

图 2-52 锯削制件

三、注意事项

1）锯削时两手运锯速度要适当。锯条安装松紧要适度，以免锯条折断崩出伤人。

2）锯削时，眼睛目测所划的线条，以免锯缝歪斜，且便于及时调整，避免锯出一条大斜缝。

3）锯断工件时，防止工件落下而砸伤脚。

4）锯削时切削行程不宜过短，往复长度应不小于锯条全长的 2/3。

思考与练习

1. 什么是锯弓？它有哪两种形式？
2. 锯削时，工件的夹持有哪些要求？
3. 为什么安装锯条时既不能太紧也不能太松？

4. 起锯有哪两种方法？起锯角应控制在多少为宜？
5. 锯削时容易产生哪些问题？

任务四 锉 削

学习目标

1. 掌握正确的锉削姿势和动作要领。
2. 掌握锉削基本操作技能（两手用力的方法、锉削速度等），并达到一定的锉削精度。
3. 掌握锉刀的正确保养方法和锉削时的注意事项。

一、锉削概述

用锉刀对工件表面进行切削加工，使其尺寸、形状、位置和表面粗糙度等都达到要求的加工方法称为锉削。锉削一般是在錾削、锯削之后对工件进行的精度较高的加工，其精度可达0.01mm，表面粗糙度值可达 $Ra0.8\mu m$。

锉削的应用范围很广，可以加工工件的内、外平面，内、外曲面，内、外角，沟槽和各种复杂形状的表面，还可以配键、做样板以及在装配中修整工件。所以，锉削是钳工的一项重要基本操作。

二、锉削的相关知识

1. 锉刀

锉刀由碳素工具钢 T12、T13 或 T12A、T13A 制成，经热处理淬硬，其切削部分的硬度可达 62HRC 以上。

（1）锉刀的组成　锉刀由锉身和锉柄两部分组成。锉刀面是锉削的主要工作面，锉刀舌则用来安装锉刀柄。

（2）锉齿和锉纹　锉刀有无数个锉齿，锉削时每个锉齿都相当于一把錾子在对材料进行切削。

锉纹是锉齿有规律排列的图案。锉刀的齿纹有单齿纹和双齿纹两种。单齿纹指锉刀上只有一个方向上的齿纹，锉削时全齿宽同时参加切削，切削力大，因此常用来锉削软材料。双齿纹指锉刀上有两个方向排列的齿纹，齿纹浅的称为底齿纹，齿纹深的称为面齿纹。底齿纹和面齿纹的方向和角度不同，锉削时能使每一个齿的锉痕交错而不重叠，使锉削表面粗糙度值较小。采用双齿纹锉刀锉削时，锉屑是碎断的，切削力小，再加上锉齿强度高，所以适用于硬材料的锉削。

（3）锉刀的种类　锉刀按其用途不同可分为普通钳工锉、异形锉和整形锉三种。

普通钳工锉按其断面形状又可分为平锉（扁锉）、方锉、三角锉、半圆锉和圆锉五种。

异形锉有刀口锉、菱形锉、扁三角锉、椭圆锉和圆肚锉等。异形锉主要用于锉削工件上特殊的表面。

整形锉主要用于修整工件细小部分的表面。

(4) 锉刀的规格　锉刀的规格分尺寸规格和齿纹粗细规格两种。方锉刀的尺寸规格以方形尺寸表示；圆锉刀的规格用直径表示；其他锉刀的规格则以锉身长度表示。钳工常用的锉刀，锉身长度有 100mm、125mm、150mm、200mm、250mm、300mm、350mm 和 400mm 等多种。

齿纹粗细规格以锉刀每 10mm 轴向长度内主锉纹的条数表示。主锉纹指锉刀上起主要切削作用的齿纹；而另一个方向上起分屑作用的齿纹称为辅助齿纹。

锉刀齿纹规格及适用场合见表 2-3。

表 2-3　锉刀齿纹规格及适用场合

锉刀粗细	适用场合		
	锉削余量/mm	尺寸精度/mm	表面粗糙度值/μm
1 号（粗齿锉刀）	0.5~1	0.2~0.5	*Ra*100~25
2 号（中齿锉刀）	0.2~0.5	0.05~0.2	*Ra*25~6.3
3 号（细齿锉刀）	0.1~0.3	0.02~0.05	*Ra*12.5~3.2
4 号（双细齿锉刀）	0.1~0.2	0.01~0.02	*Ra*6.3~1.6
5 号（油光锉）	0.1 以下	0.01	*Ra*1.6~0.8

2. 锉刀柄的装拆方法

锉刀柄的装拆方法如图 2-53 所示。

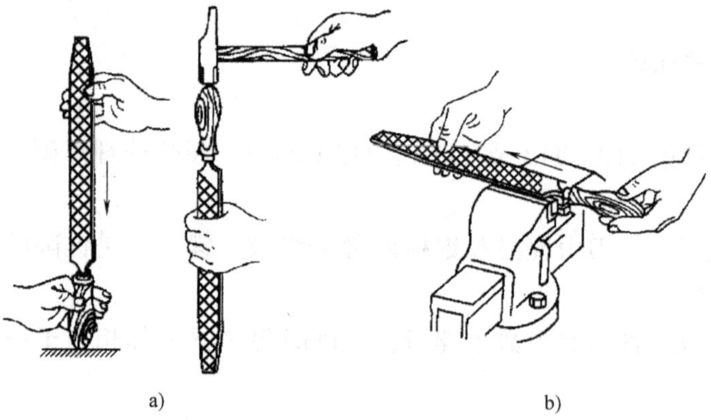

图 2-53　锉刀柄的装拆

a) 装锉刀柄的方法　b) 拆锉刀柄的方法

3. 锉削的姿势

锉削姿势对一个钳工来说是十分重要的。正确掌握锉削姿势，必须从握锉、站立步位和姿势动作以及两手用力这几方面进行。只有操作方法正确，才能有较高的工作效率。因此，从开始就应该认真地学习，在实践中加深理解，逐步地掌握相关知识。

(1) 锉刀握法

1) 大锉刀。扁锉大于 250mm 的握法如图 2-54 所示，右手握着锉刀柄，柄端顶在拇指根部的手掌上，大拇指放在锉刀头上，自然伸直，其余四指弯向手心，中指和无名指捏住前端，食指、小指自然收拢。锉削时，右手推动锉刀并决定推动方向，左手协调右手使锉刀保持平衡。

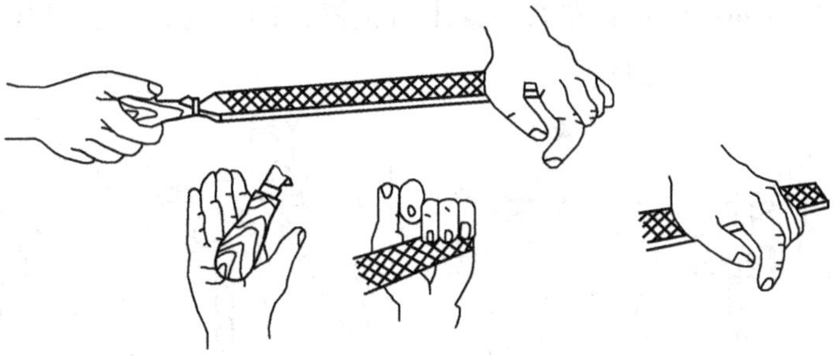

图 2-54　大锉刀的握法

2）中型锉。

①　右手与按大锉刀的方法相同。

②　左手的大拇指和食指轻轻持扶锉梢。

3）小型锉。

①　右手食指平直扶在手柄的外侧面。

②　左手手指压在锉刀的中部以防止锉刀弯曲。

4）整形锉。单手持手柄，四指放在锉身上方。

5）异形锉。

①　右手与握小型锉的方法相同。

②　左手轻压在右手手掌外侧，以压住锉刀，小指勾住锉刀，其余指抱住右手。

（2）姿势动作　进行锉削时，身体的重量放在左脚上，右膝伸直，脚始终站稳不移动，靠左膝的屈伸而作往复运动，如图 2-55 所示。

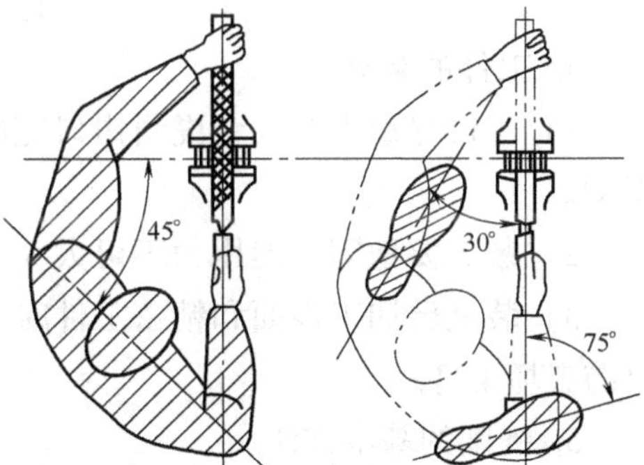

图 2-55　锉削时的站立步位和姿势

（3）锉削动作　锉削动作是由身体和手臂运动合成的。开始锉削时，身体要向前倾斜 10°左右，右肘尽可能向后收缩，如图 2-56a 所示。当锉刀锉至 1/3 行程时，身体向前倾斜 15°左右，使左膝稍弯曲，如图 2-56b 所示。当锉刀锉至2/3行程时，右肘继续向前推进，身体向前倾斜 18°左右，如图 2-56c所示。当锉刀锉至最后 1/3 行程时，右肘继续向前推进，身体随着锉刀的反作用力退回至 15°左右位置，如图 2-56d 所示。锉削行程结束时，左脚自然伸直并随着锉削时的反作用力，将身体重心后移，使身体恢复原位，同时将锉刀略微提起收回。当锉刀收回将近结束时，身体开始先于锉刀前倾，作第二次锉削的向前运动。

（4）锉削时两手的用力和锉削速度　要锉出平直的平面，必须使锉刀保持平直的锉削运动。在推锉的过程中，两手用的力应不断变化：开始推锉时，左手压力要大，右手压力要小而推力大，如图 2-57a 所示，随着锉刀推进，左手压力减小，右手压力增大；当锉刀推到中间时，两手压力相同，如图 2-57b 所示；再继续推进锉刀时，左手压力逐渐减小，右手压力逐渐增大，左手起引导作用，推到最前端位置时两手用力，如图 2-57c 所示。锉刀回程时不加压力，如图 2-57d 所示，以减少锉齿的磨损。

锉削速度一般应在 40 次/min 左右，推出时稍慢，回程时稍快，动作要自然协调。

图 2-56　锉削动作

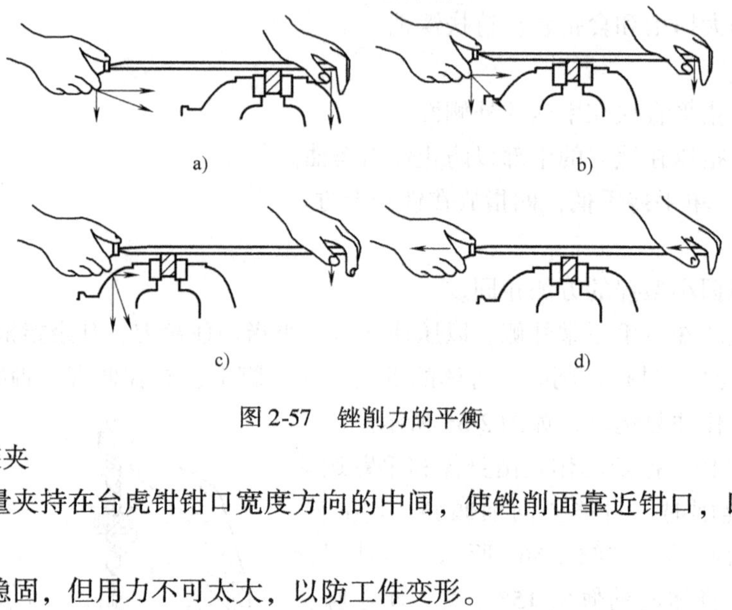

图 2-57　锉削力的平衡

4. 工件的装夹

1）工件尽量夹持在台虎钳钳口宽度方向的中间，使锉削面靠近钳口，以防锉削时产生振动。

2）装夹要稳固，但用力不可太大，以防工件变形。

3）装夹已加工表面和精密工件时，应在台虎钳钳口上衬上纯铜皮或铝皮等软的衬垫，以防夹坏工件。

5. 锉削的基本方法

（1）平面锉削　锉削平面是锉削中最基本的操作。要锉出平直的平面，必须使锉刀的运动保持水平。平直是靠在锉削过程中逐渐调整两手的压力来达到的。锉削方法有三种：顺向锉、交叉锉和推锉。

1）顺向锉如图 2-58 所示。顺向锉是最基本的锉削方法，其锉刀运动方向与工件夹持方向始终一致。顺向锉的锉纹整齐一致，比较美观。平面最后锉平和锉光都用顺向锉削的方法

2）交叉锉如图 2-59 所示。交叉锉锉刀与工件的接触面积大，锉刀容易掌握平稳，即从两个交叉的方向对工件表面进行锉削的方法。交叉锉时，从锉痕上可以判断出锉削平面的高低情况，便于不断地修整锉削部位。

交叉锉一般用于粗锉，所以当锉削余量较多时，最好先用交叉锉法，待把锉削平面锉平后，留 0.02mm 半精锉余量，再用顺向锉法，使锉痕变直，纹理一致。

在锉削平面时，为使整个加工表面能够锉削均匀，无论是顺向锉还是交叉锉，每次退回锉刀时应在横向作适当的移动，如图 2-60 所示。

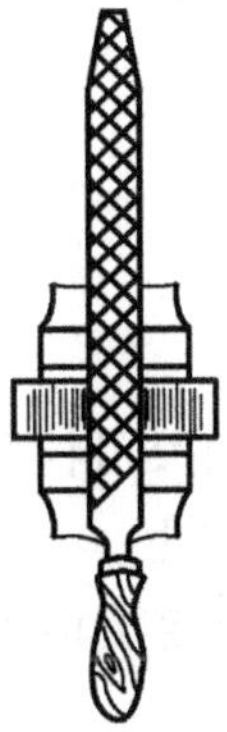

图 2-58 顺向锉

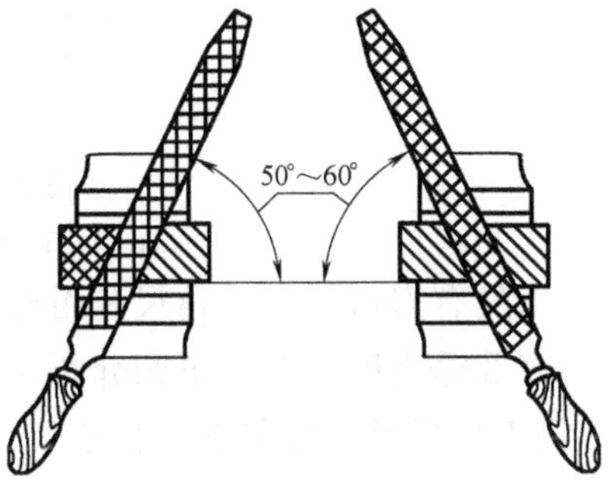

图 2-59 交叉锉

3）推锉法如图 2-61 所示。推锉法即两手对称横握锉刀，用大拇指推动锉刀顺着工件长度方向进行锉削的方法。推锉法效率低，在表面已锉平、余量已很小的情况下，为了提高其表面质量和尺寸精度，可用推锉法来锉光表面。

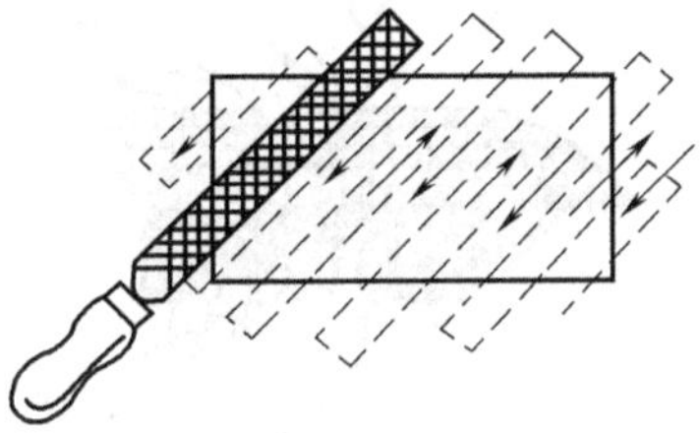

图 2-60 锉刀作横向移动

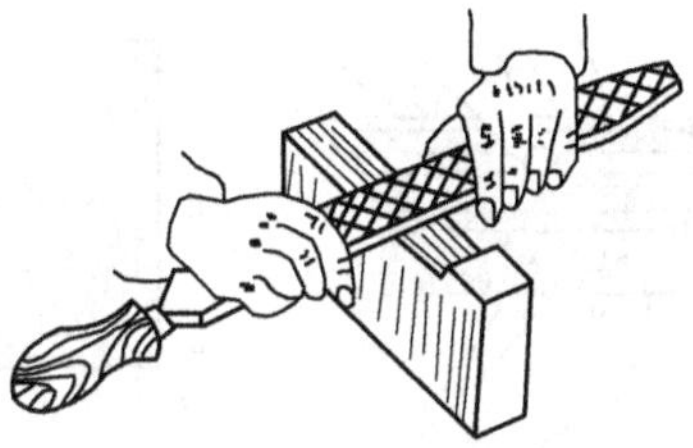

图 2-61 推锉法

（2）外圆弧面锉削　锉削外圆弧面，锉刀要同时完成两种运动，如图 2-62 所示。

1）前进运动。

2）锉刀绕工件的中心转动，而两手运动的轨迹应该是两条渐开线，否则就锉不成圆弧面。

锉削外圆弧面有以下两种方法。

1）顺着圆弧面锉削，如图 2-63a 所示。一般用于精锉圆弧面。锉削时，锉刀向前推，右手应向下压，而锉刀尖则向上提起。锉刀这样运动，能保证表面获得没有棱角的光滑曲面，而加工面的锉削纹路也是顺着曲率分布的。

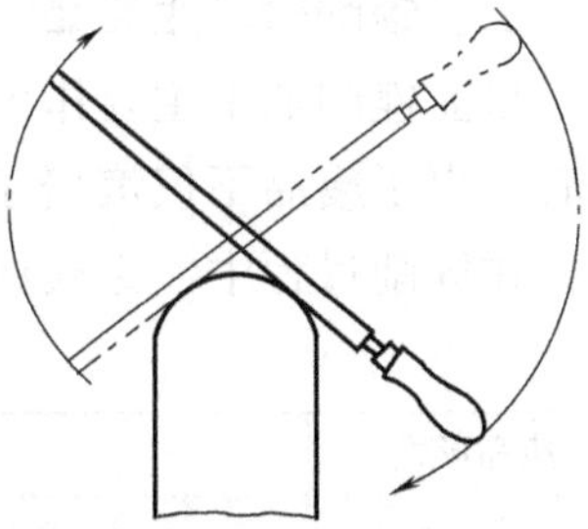

图 2-62 锉圆弧时锉刀的运动

2）横着圆弧面锉削，如图 2-63b 所示。用于圆弧面的粗加工，或在不能顺着圆弧面锉削的情况下应用。这种方法一般是按次序先锉各棱角，就是按四角、六角、八角那样的顺序使棱边增多，最后锉去棱角变成圆弧面。

6. 锉削平面的检验方法

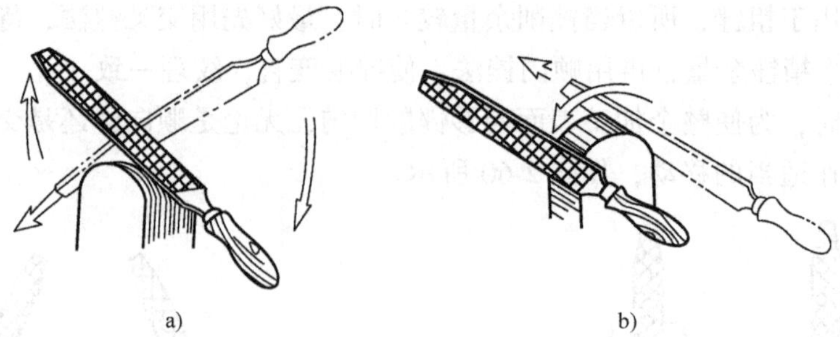

图 2-63 外圆弧面的锉削

a）顺着圆弧面锉削 b）横着圆弧面锉削

检验工具有刀口尺、直角尺和游标万能角度尺等。用刀口尺和直角尺可检验工件的直线度、平面度及垂直度误差。下面介绍用刀口尺检验工件平面度误差的方法。

1）将刀口尺垂直紧靠在工件表面，并在纵向、横向和对角线方向逐次检查，如图 2-64 所示。

2）检验时，如果刀口尺与工件平面透光微弱而均匀，则该工件平面度合格；如果进光强弱不一，则说明该工件平面凹凸不平。此时，可在刀口尺与工件紧靠处插入塞尺，根据塞尺的厚度即可确定平面度的误差，如图 2-65 所示。

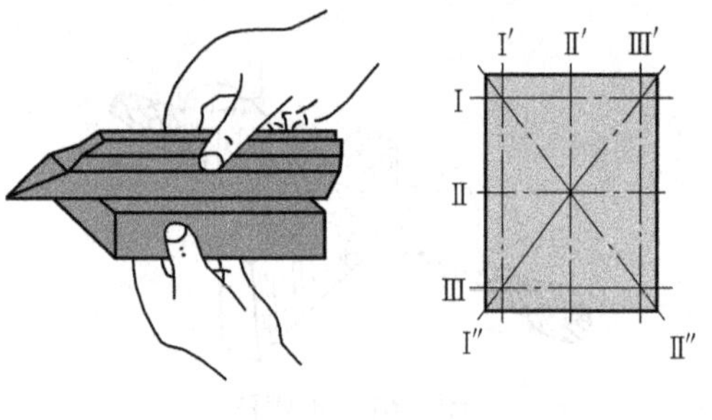

图 2-64 用刀口尺检验平面度误差

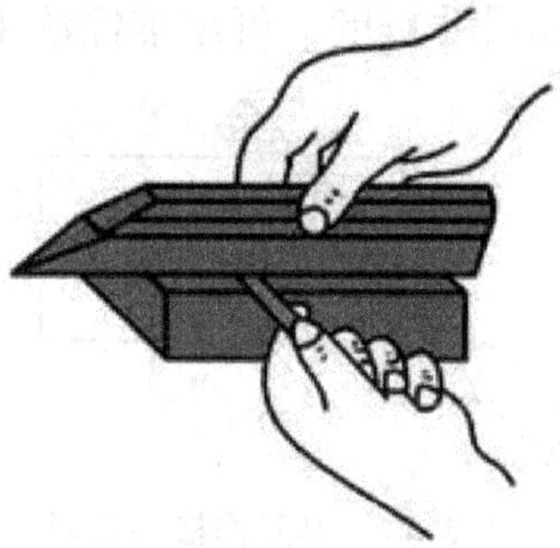

图 2-65 用塞尺测量平面度误差值

三、锉削时产生废品的原因及预防方法

目前锉削加工主要作为修整工件或工具的精加工工序，常是最后一道工序，要是工作不小心，出了废品不仅浪费了原材料，更重要的是浪费了以前各工序的加工时间和费用。因此，在锉削过程中，必须仔细、谨慎。锉削时产生废品的原因及预防方法详见表 2-4。

表 2-4 锉削时产生废品的原因及预防方法

废品形式	原　因	预防方法
工件夹坏	1. 台虎钳将精加工过的表面夹出了凹痕 2. 夹紧力太大，把空心件夹扁了 3. 薄而大的工件没夹好，锉削时变形	1. 夹紧精加工工件应加钳口铜 2. 夹紧力不要太大，夹薄管最好用两块 V 形木垫 3. 夹持薄而大的工件要用辅助工具
平面中凸	1. 操作技术不熟练，锉刀摇摆 2. 使用锉刀时用了凹面锉刀	1. 掌握正确的锉削姿势，采用交叉锉法 2. 选用锉刀时要检查锉刀的锉面，不能使用弯的锉刀和凹面锉刀

（续）

废品形式	原　　因	预防方法
工件形状不正确	1. 划线不对 2. 没掌握锉刀每锉一次所锉的厚度，锉出了尺寸界线	1. 根据图样正确划线 2. 对每锉一次的锉削用量要心中有数，锉削时精神要集中，并经常测量
表面不光洁	1. 锉刀粗细选择不当 2. 粗锉时锉痕太深 3. 锉屑嵌在锉纹中未清除	1. 合理选用锉刀 2. 锉削时始终注意表面质量，避免深痕出现 3. 经常清除锉屑
锉掉了不应锉的部位	1. 没选用光边锉刀 2. 锉刀打滑把邻边平面锉伤	1. 锉削垂直面时应选用光边锉刀，如没有光边锉刀则用普通锉刀改制 2. 注意不要打滑

四、锉刀的维护与保养

1）新锉刀要先使用一面，用钝后再使用另一面。

2）在粗锉时，应充分使用锉刀的有效全长，既可提高锉削效率，又可避免锉齿局部磨损。

3）锉刀上不可沾油与沾水。

4）如锉屑嵌入齿缝内，必须及时用钢丝刷沿着锉齿的纹路进行清除。

5）不可锉毛坯件的硬皮及经过淬硬的工件。

6）铸件表面如有硬皮，应先用砂轮磨去或用旧锉刀和锉刀的有齿侧边锉去，然后再进行正常锉削加工。

7）锉刀使用完毕时必须清刷干净，避免生锈。

8）锉刀在使用过程中或放入工具箱时，不可与其他工具或工件堆放在一起，也不可与其他锉刀互相重叠堆放，以免损坏锉齿。

五、锉削时的注意事项

1）锉刀放置时不要露出钳台外面，以免掉地砸伤脚或损坏锉刀。

2）不使用无柄、无柄箍或柄已裂开的锉刀。

3）锉削时锉刀柄不能撞击到工件，以免锉刀柄脱落造成事故。

4）锉削时不能用嘴吹锉屑，要用毛刷清除锉屑。

5）锉削时不可用手摸锉削后的工件表面，以免再锉时锉刀打滑，使操作者身体失去平衡而出危险。

6）锉刀不能作撬棒或锤子使用，否则锉刀会断裂。

锉削技能训练

斜配四方

一、训练要求

锉削如图2-66和图2-67所示工件，并完成如图2-68所示斜配四方，训练要求如下：

1）掌握正方板的锉配方法。

2）了解影响锉配精度的因素并掌握锉配误差的检验和修正方法。

3）掌握锉配工、量具的正确使用和修整方法。

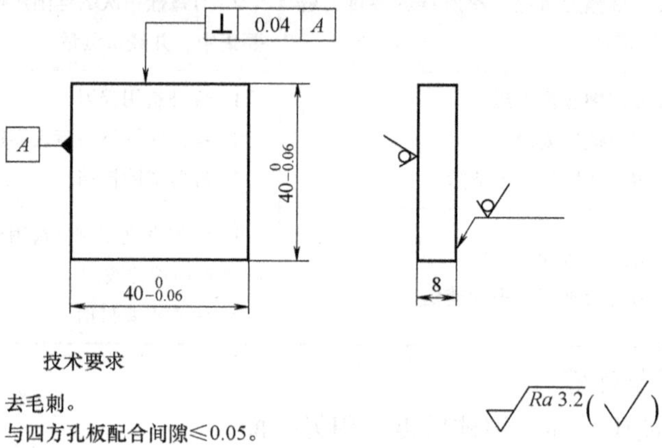

技术要求

1. 去毛刺。
2. 与四方孔板配合间隙≤0.05。

图 2-66 正方板（件 1）

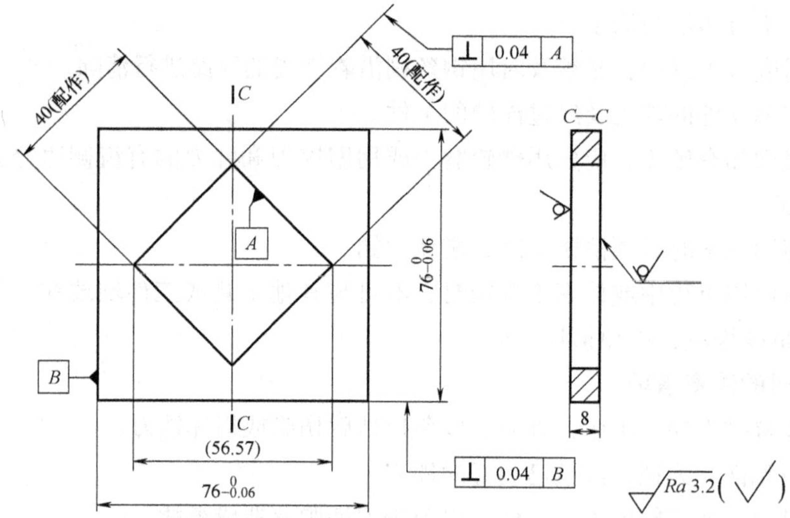

技术要求

1. 去毛刺。
2. 与正方板配合间隙≤0.05。

图 2-67 四方孔板（件 2）

二、斜配四方锉配方法

1）先锉准正方板，后配锉四方孔板。

2）加工过程中四方孔板各表面之间的垂直度可采用自制角度样板检验，此样板还可用于检查内表面直线度误差。

3）在四方孔板锉削中，为获得内棱清角，必须修磨好锉刀边，锉削时应使锉刀在略小于90°的一边紧靠内棱角进行直锉。

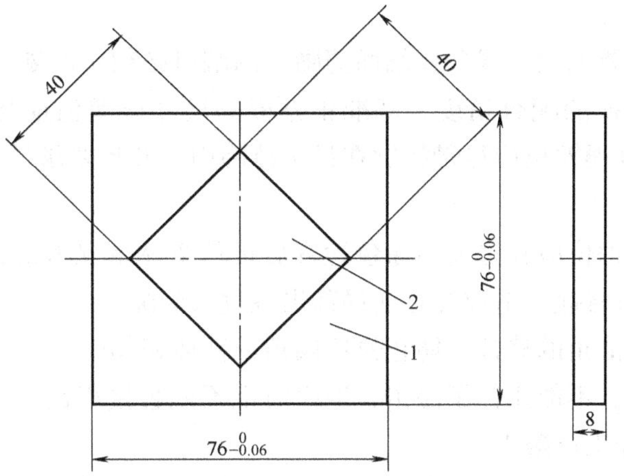

图 2-68　斜配四方

1—件 2　2—件 1

三、操作步骤

1. 锉削正方板

1）修整外形基准面 *A*，保证其平面度，并保证其与大平面的垂直度。

2）以 *A* 面为基准锉削相邻平面，保证自身平面度，使其与 *A* 面互相垂直并与大平面垂直。

3）以此两面为基准，按图样要求进行划线，并分别粗锉对边。

4）精锉对边，按图样要求控制尺寸精度。

5）各锐边去毛刺、倒棱。

2. 锉配四方孔板

1）修整外形，使其互相垂直并与大平面垂直，并保证外形的尺寸精度。

2）以外形两相邻面为基准，按图样要求用 V 形铁进行划线，并用加工好的正方板校核所划线条的正确性。

3）钻排孔，用扁冲錾子沿四周錾去余料，然后用方锉粗锉余量，每边留 0. 1 ~ 0. 2mm 细锉余量。

4）细锉第一面，锉至接触划线线条，达到平面纵横平直，并与 *A* 面平行且与大平面垂直。

5）细锉第二面（第一面的对面），达到与第一面平行，尺寸达 40mm 时可用正方板进行试配，应使其较紧地塞入，以留有修整余量。

6）细锉第三面（第一面的相邻面），锉至接触划线线条，达到平面纵横平直，并与大平面垂直，最后用自制角度样板检查修整，达到与第一、二面的垂直度和清角要求。

7）细锉第四面，达到与第三面平行，用正方板试配，使其能较紧地塞入。

8）精锉修整各面，即用正方板认向配锉，用透光法检查接触部位，进行修整；以正方板塞入后采用透光和涂色相结合的方法检查接触部位，然后逐步修锉达到配合要求；最后作转位互换的修整，达到转位互换的要求，用手将正方板推出和推进应无阻滞。

9）各锐边去毛刺、倒棱。检查配合精度，配合间隙应≤0. 05mm，并且能够互换。

四、注意事项

1）配锉件的划线要准确，线条要细而清晰，两端口必须一次划出。

2）为得到转位互换的配合精度，基准正方板的尺寸误差值应尽可能控制在最小范围内，其垂直度和平行度误差也应尽量控制在最小范围内，并且要求尺寸做到上限，使锉配时有可能作微量的修整。

3）锉配时的修锉部位应在透光与涂色检查后再从整体情况考虑，合理确定，避免仅根据局部试配情况就进行修锉，造成配合面局部出现过大间隙。

4）注意四方孔板清角的修锉，防止修成圆角或锉坏相邻面。

5）在试配过程中，不能用锤子敲击，退出时也不能直接用锤子和硬质金属敲击，防止将配锉面咬毛或将修配工件敲毛。

思考与练习

1. 锉刀的规格有哪两种？
2. 锉刀的种类有哪些？如何根据加工对象正确地选择锉刀？
3. 试述大锉刀的握法。
4. 锉削方法有哪几种？
5. 简述用刀口尺检验工件平面度误差的方法。
6. 锉刀的维护与保养应注意哪几个方面？

任务五　孔　加　工

学习目标

1. 掌握标准麻花钻的刃磨方法。
2. 掌握划线钻孔的方法，并能够正确选择钻削用量。
3. 熟悉钻孔时工件的几种基本装夹方法。
4. 掌握扩孔、锪孔以及铰孔的基本方法。
5. 能够正确分析孔加工出现的问题及产生的原因和解决办法。

一、钻孔

用钻头在实体材料上加工孔的方法称为钻孔。

1. 钻削运动

钻削时工件固定，钻头安装在钻床主轴上做旋转运动（称为主运动），同时沿轴线方向移动（称为进给运动），如图 2-69 所示。

2. 麻花钻的构成

麻花钻一般用高速钢（W18Cr4V 或 W9Cr4V2）制成，淬火后硬度为 62 ~ 68HRC。麻花钻由柄部、颈部和工作部分组成，如图 2-70 所示。

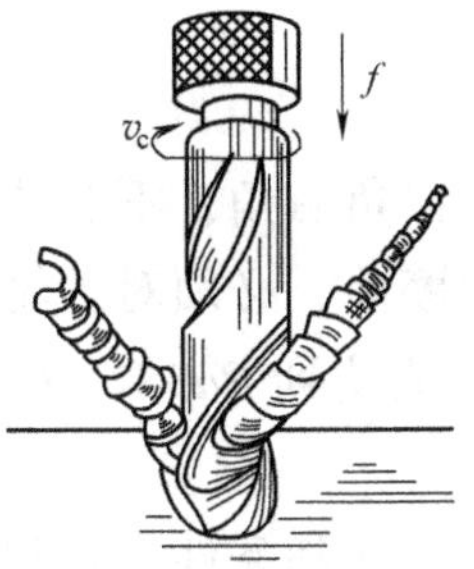

图 2-69　钻削运动

v_c—主运动　f—进给运动

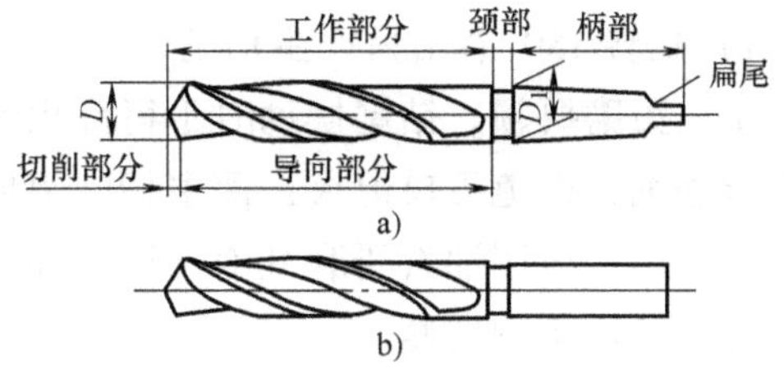

图 2-70　麻花钻的构成

a）锥柄式　b）柱柄式

3. 麻花钻的刃磨

麻花钻的主要切削角度如图 2-71 所示。刃磨麻花钻主要刃磨两个主切削刃及其后角。刃磨后的两主切削刃应对称，顶角和后角的大小应根据麻花钻直径的大小以及加工材料的性质选择。横刃斜角是在磨主切削刃和后角时自然形成的，与后角的大小有关。

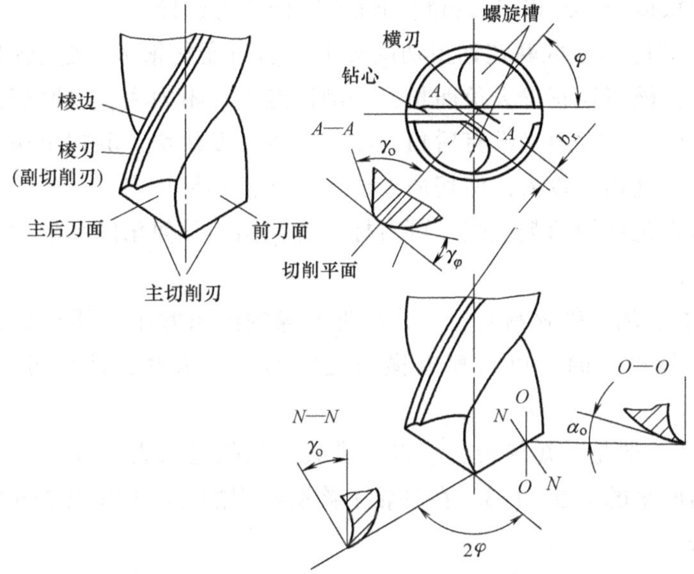

图 2-71　麻花钻的主要切削角度

（1）标准麻花钻的刃磨方法（图 2-72）

1）将钻头主切削刃摆成水平，并把它靠在砂轮的圆柱面上，磨削点大致在砂轮的中心水平面上。

2）钻头轴线与砂轮圆柱面母线在水平面内夹角等于钻头顶角（2ϕ）的 1/2。

3）刃磨时，主切削刃接触砂轮，右手握住钻头前端，并靠在砂轮的搁架上作定位支点，左手握钻尾作上下摆动。左手下压钻尾的同时，右手应使钻头作顺时针方向转动（约 40°），下压角度为 8°～30°，即等于

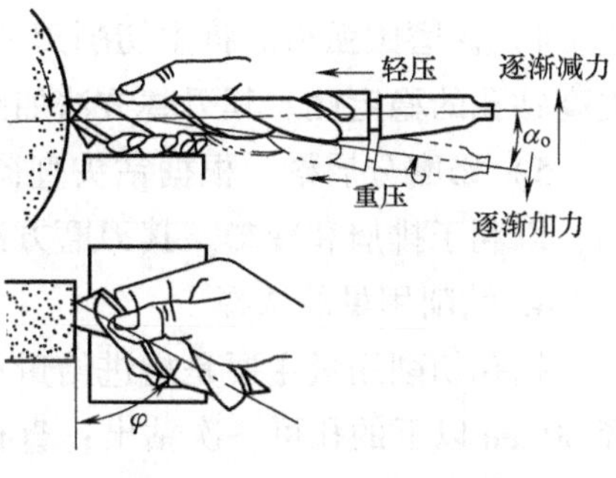

图 2-72　麻花钻的刃磨方法

钻头外缘处后角（α_o）。

4）翻转180°磨出另一主切削刃。

① 刃磨要领。钻尾摆动时不得高出水平面，以防止磨出负后角；不要从刃背向刃口方向进行磨削，以免刃口退火；两主切削刃要等长、对称。刃磨前，必须对砂轮进行必要的修整；刃磨后，应用油石研磨其前、后刀面，使其表面粗糙度值达到 $Ra0.4 \sim 0.2\mu m$，以减少摩擦和避免产生积屑瘤。

② 后角的选择。后角大有利于切削液流入切削区，改善冷却条件，有利于钻头切入工件；后角小有利于提高刃口强度，适于加工硬材料。小钻头一般采用较大后角。一般情况下，标准麻花钻的后角大小和钻头直径的关系见表2-5。

表2-5　标准麻花钻的后角（α_o）与钻头直径的关系

钻头直径/mm	<1	1~15	15~30	30~80
后角 α_o	20°~30°	11°~14°	9°~12°	8°~11°

麻花钻的后角根据表2-5和加工材料的性质综合考虑选择。

（2）麻花钻的修磨　标准麻花钻主切削刃上的前角变化很大，各点切削性能差异很大；横刃较长，定心差，横刃处有很大负前角，切削性能差，阻力大，易磨损；主切削刃和副切削刃交点处切削速度高，棱边又没有后角，摩擦严重，发热快，磨损也快；主切削刃长，切屑较宽，各点排屑速度相差较大，使切屑卷成螺旋状，不易排出。

为了提高标准麻花钻的切削性能，可对标准麻花钻的几何角度和形状作适当修磨，修磨方法如图2-73所示。

1）修磨前刀面。加工硬材料时，可将靠近外缘的前角磨小，甚至磨成负前角，以提高切削刃强度。加工软材料时，可将靠近横刃处的前角磨大些，使该处切削刃锋利，如图2-73a所示。

2）修磨横刃。主要是减短横刃，可以大量减少钻削进给力；改良钻头的定心作用。横刃修磨后的长度为原来的1/5~1/3。在砂轮上修磨横刃的方法如图2-73b所示。小钻头可用三角油石进行修磨。

3）修磨多重顶角。主要是为了改善主切削刃和副切削刃交点处的散热条件，提高钻头的使用寿命。可将顶角刃磨成双重或三重顶角，如图2-73c所示。一般 $2\varphi_o = 70° \sim 75°$，$f_o = 0.2D$（$D$ 为钻头直径）。

4）修磨圆弧刃。将主切削刃一段磨出圆弧刃，可以改善切削条件，利于分屑，同时可提高钻孔的稳定性。其刃磨方法如图2-73d所示。

5）修磨分屑槽。根据钻头直径的大小，可在钻头的刃口至后刀面上磨一条或两条分屑槽，以利于排屑和冷却。其刃磨方法如图2-73e所示。

4. 钻削用量的选择

钻孔切削用量主要是指进给量和切削速度，背吃刀量由钻头大小决定。一般情况下，直径30mm以下的孔可一次钻出；直径大于30mm的孔，为减小背吃刀量，可以分两次钻出，即先用等于0.5~0.7倍孔径的钻头钻孔，然后再扩孔到所需孔径。

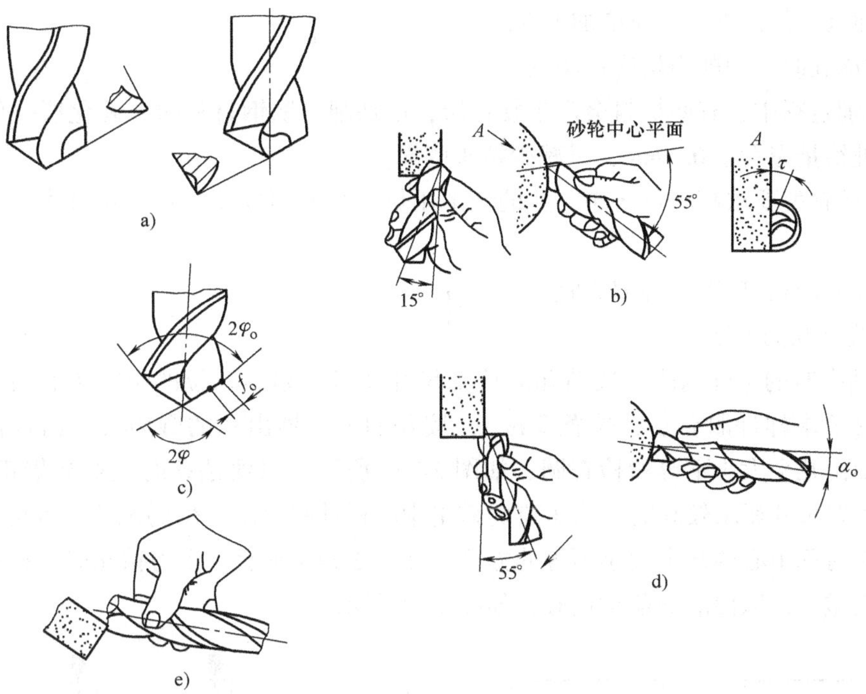

图 2-73 修磨麻花钻的方法

a）修磨前刀面 b）修磨横刃 c）修磨多重顶角 d）修磨圆弧刃

e）修磨主切削刃分屑槽

进给量是影响钻孔表面粗糙度的主要因素，切削速度是影响钻头寿命的主要因素。因此，选择切削用量，应根据工件表面粗糙度、孔径大小、孔的深度以及工件材料的硬度、强度等多方面因素综合考虑。

1）材料的强度及硬度较高、钻头直径较大时，首先考虑钻头本身强度的限制，切削速度不宜选得太高；材料较软或钻头直径较小时，切削速度可适当选高一些。一般钢件的钻孔切削用量见表 2-6。

表 2-6 钢件钻孔的切削用量（孔的深径比 $L/D \leqslant 3$）

钻孔直径 D/mm	<2	2~3	3~5	5~10
转速 n/r·min^{-1}	10000~2000	2000~1500	1500~1000	1000~750
进给量 f/mm·r^{-1}	0.005~0.02	0.02~0.05	0.05~0.15	0.15~0.30
钻孔直径 D/mm	10~20	20~30	30~40	40~50
转速 n/r·min^{-1}	750~350	350~250	250~200	200~120
进给量 f/mm·r^{-1}	0.30~0.60	0.602~0.75	0.75~0.85	0.85~1

以表 2-6 作参考，钻削碳素工具钢、铸铁的切削用量，应比钻削钢料的减少 1/5 左右；钻削合金工具钢、合金铸铁的切削用量，应减少 1/3 左右；钻削不锈钢的切削用量，应减少 1/2 左右。钻削铸铁时，进给量可增加 1/5，而转速应减少 1/5 左右；钻削非铁金属材料时，

转速应增加近一倍，进给量应增加1/5。

2）钻深孔时，切削用量应选小些。

3）钻削过程中，有些材料会产生硬化层，如钻削不锈钢材料时，硬化层一般在0.1mm以内，故进给量应大于0.1mm，以减少钻头磨损。

4）孔的精度要求高，可选小一些的切削用量；孔的精度要求低，可选大一些的切削用量。

5）钻小孔时，以手动进刀为宜。

5. 划线钻孔的方法

（1）钻孔时的工件划线　按钻孔的位置尺寸要求，划出孔位的十字中心线，并打上中心样冲眼（要求样冲眼要小，位置要准），按孔的大小划出孔的圆周线。钻直径较大的孔时，还应划出几个大小不等的检查圆，如图2-74a所示，以便钻孔时检查和借正钻孔位置。当钻孔的位置尺寸要求较高时，为了避免敲击中心样冲眼时所产生的偏差，也可直接划出以孔中心线为对称中心的几个大小不等的方框，如图2-74b所示，作为钻孔时的检查线，然后再将样冲眼敲大，以便准确落钻定心，如图2-75所示。

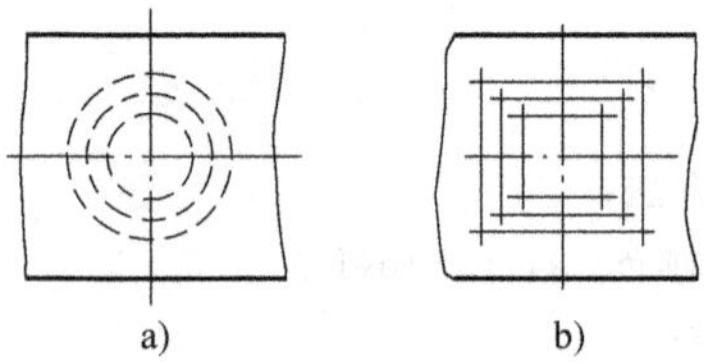

图2-74　孔位检查线的形式

a）检查圆　b）检查方框

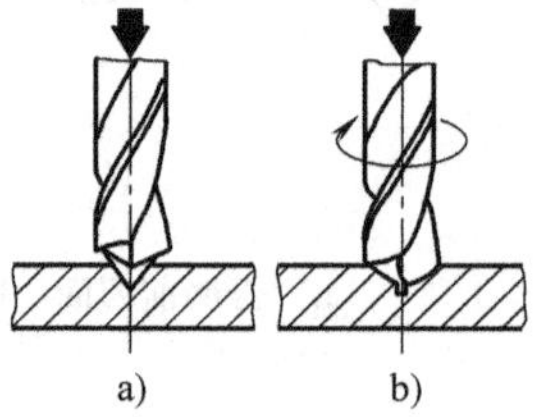

图2-75　样冲眼准确落钻定心

a）样冲眼引钻　b）钻孔中心准确

（2）工件的装夹　钻孔时，要根据工件的不同形状以及钻削力的大小（或钻孔的直径大小）等情况，采用不同的装夹（定位和夹紧）方法，以保证钻孔的质量和安全。常用的基本装夹方法有以下几种。

1）平整的工件用机用平口钳装夹。钻直径大于8mm的孔时，机用平口钳必须用螺栓、压板固定。钻通孔时工件底部应垫上垫铁，空出落钻部位，如图2-76a所示。

2）圆柱形工件用V形块装夹。钻孔时应使钻头轴心线位于V形块的对称中心，按工件划线位置钻孔，如图2-76b所示。

3）压板装夹。对钻孔直径较大或不便用机用平口钳装夹的工件，可用压板装夹，如图2-76c所示。

4）卡盘装夹。在方形工件上钻孔，用单动卡盘装夹，如图2-76d所示；在圆形工件端面钻孔，用自定心卡盘装夹，如图2-76e所示。

5）角铁装夹。底面不平或加工基准在侧面的工件用角铁装夹，如图2-76f所示。

6）手虎钳装夹。在小型工件或薄板件上钻小孔时，用手虎钳装夹，如图2-76g所示。

（3）钻头的装拆　直柄钻头用钻夹头夹持。先将钻头柄塞入钻夹头的三只卡爪内，其夹持长度不能小于15mm，然后用钻夹头钥匙旋转外套，使环形螺母带动三只卡爪移动，作

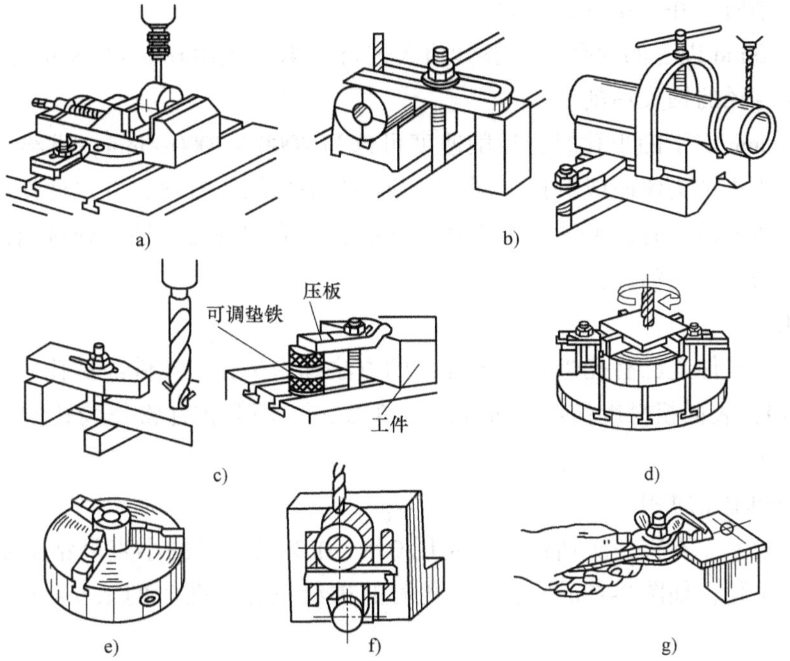

图 2-76　钻削时工件的装夹

a）用机用平口钳装夹　b）用 V 形块装夹　c）用压板装夹　d）用单动卡盘装夹　e）用自定心卡盘装夹　f）用角铁装夹　g）用手虎钳装夹

夹紧或放松动作，如图 2-77 所示。

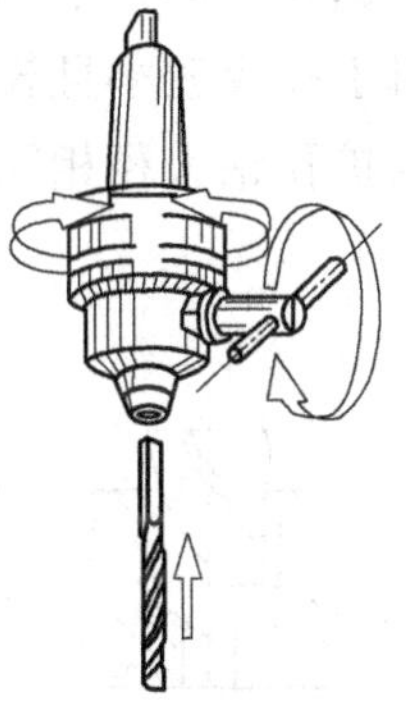

图 2-77　钻头的装拆

（4）钻孔方法

1）试钻。钻孔时，先使钻头对准划线中心钻出浅坑，并观察是否与划线圆同心，确认准确无误后，继续完成钻削。如钻出的浅坑与划线圆发生偏位，偏位较少时可在试钻的同时用力将工件向偏位的反方向推移，逐步借正；如偏位较多，可在借正方向上打几个样冲眼，如图 2-78a 所示，或用油槽錾錾出几条小槽，如图 2-78b 所示，以减少此处的钻削阻力，达到借正的目的。在钻削孔距要求较高的孔时，两孔要边试钻边测量边借正，不可先钻好一个孔再来借正第二个孔的位置。

2）钻孔操作方法。

① 钻削通孔时，当孔快要钻穿时，应减小进给力，以免发生“啃刀”现象，影响加工质量和折断钻头。

② 钻不通孔时，应按钻孔深度调整好钻床上的挡位和深度游标卡尺或采用其他控制措施，以免钻得过深或过浅，并注意退屑。

③ 一般钻削深孔时，钻削深度达到钻头直径的 3 倍时，

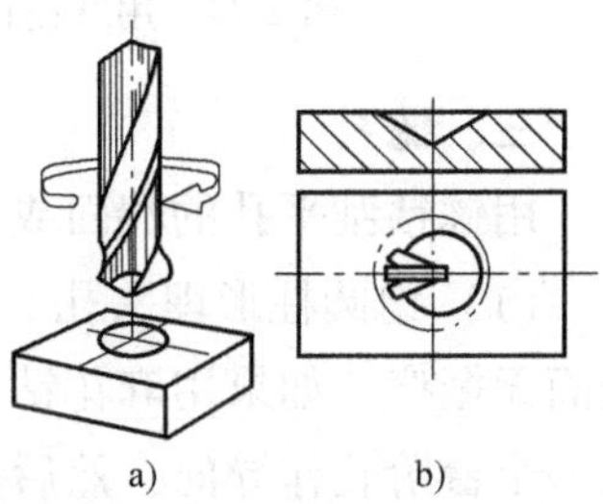

图 2-78　借正偏孔的方法

a）用样冲眼借正　b）錾槽借正

钻头就应退出排屑，并注意冷却润滑。

④ 钻 ϕ30mm 以上的大孔，一般分两次进行：第一次用 0.6～0.8 倍孔径的钻头钻削，第二次用所需直径的钻头钻削。

⑤ 钻 ϕ1mm 以下的小孔时，切削速度可选为 2000～3000r/min，进给力小且平稳，不宜过大过快，防止钻头弯曲或滑移。同时，应经常退出钻头排屑，并加注切削液。

⑥ 在斜面上钻孔时，可采用中心钻先钻底孔，或用铣刀在钻孔处铣削出小平面，或用钻套导向等方法进行钻削。

二、扩孔

用扩孔钻对工件上已有孔进行扩大加工的方法称为扩孔。工件经扩孔后，一般尺寸精度可达 IT10～IT9，表面粗糙度值可达 Ra12.5～3.2μm，因此扩孔常作为孔的半精加工及铰孔前的预加工工序。

1. 用标准麻花钻扩孔

如果孔径较大，不宜一次钻孔，宜先用 0.5～0.7 倍孔径的小直径钻头钻孔，再用与孔径等大的钻头扩孔，如图 2-79a 所示。扩孔时的进给量为钻孔时的 1.5～2 倍，切削速度为钻孔时的 1/2。

2. 在毛坯孔上扩孔

为了减少毛坯孔偏差的影响，将钻刃修磨成月牙弧形，直接扩孔，如图 2-79b 所示。

3. 用扩孔钻扩孔

根据孔径的大小和精度等级来选用扩孔钻，扩孔前的钻孔直径一般为扩孔后直径的 0.9 倍。对于孔径较小且较深的扩孔加工，或者为纠正预钻孔的偏斜，可在扩孔前先用镗刀镗削一段与扩孔钻大径相同的导向孔，然后进行扩孔，如图 2-80 所示。

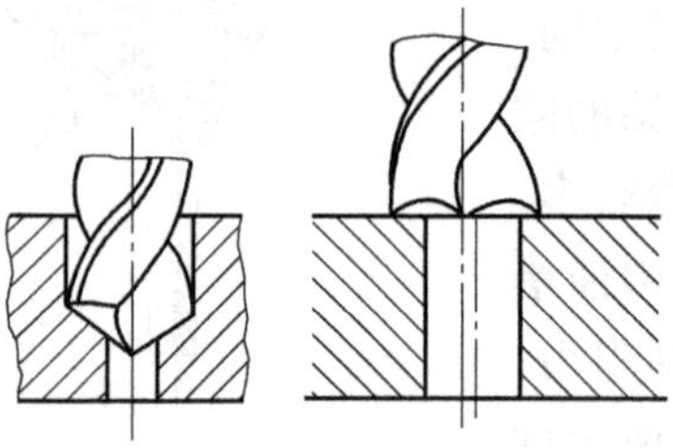

图 2-79 用麻花钻扩孔

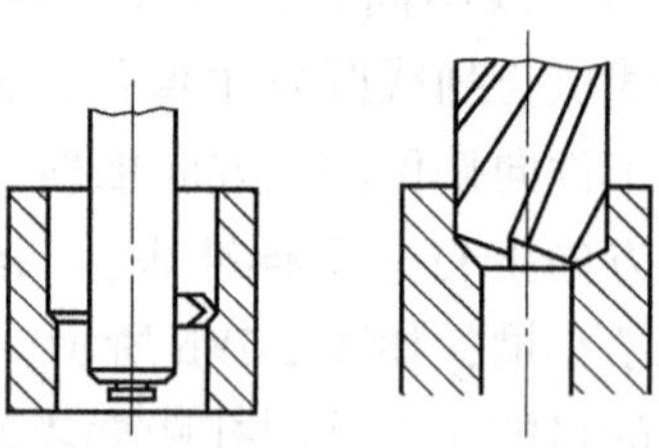

图 2-80 扩孔前的镗孔

三、锪孔

用锪钻刮平孔的端面或切出沉孔的方法称为锪孔。常见的锪孔应用如图 2-81 所示。

（1）锪圆柱形埋头孔　锪圆柱形埋头孔时，锪钻底面要平整并与底孔轴线垂直，加工表面无振痕。如果用麻花钻改制的不带导柱的锪钻锪圆柱形埋头孔时，必须用标准麻花钻扩出一个台阶孔作导向，然后用平底钻锪至深度尺寸，如图 2-82 所示。

（2）锪锥形埋头孔　按图样锥角要求选用锥形锪孔钻，锪深一般控制在埋头螺钉装入后低于工件表面约 0.5mm，加工表面应无振痕。

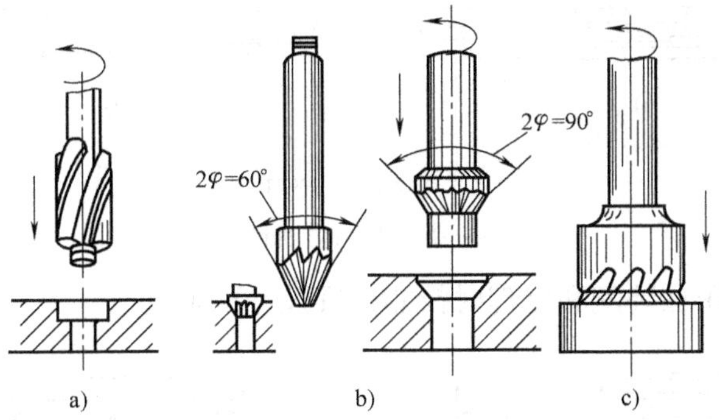

图 2-81　锪孔的应用

a）锪圆柱埋头孔　b）锪锥形埋头孔　c）锪孔口和凸台平面

(3) 端面锪孔　用专门的端面锪孔钻对孔的端面进行锪孔如图 2-83 所示，其端面刀齿为切削刃，前端导柱用来导向定心，以保证孔端面与孔中心线的垂直度。

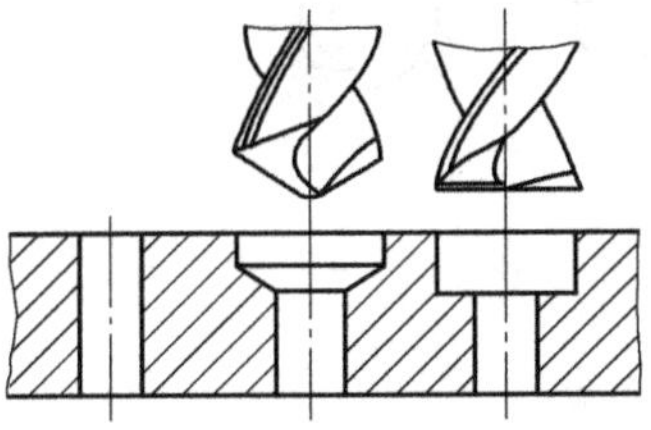

图 2-82　先扩孔后锪平

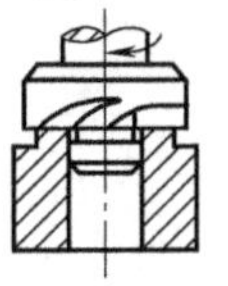

图 2-83　端面锪孔钻锪孔

锪孔时，进给量为钻孔的 2 ~ 3 倍，切削速度为钻孔的 1/3 ~ 1/2。精锪时，往往利用钻床停车后主轴的惯性来锪孔，以减少振动，从而获得光滑表面。

四、铰孔

用铰刀从工件孔壁上切除微量金属层，以提高其尺寸精度和降低表面粗糙度值的方法，称为铰孔。

1. 铰刀的组成

铰刀由柄部、颈部和工作部分组成。工作部分又分为切削部分和校准部分。切削部分担负切去铰孔余量的任务；校准部分有棱边，主要起定向、修光孔壁、保证铰孔直径和便于测量等作用。为了减小铰刀和孔壁的摩擦，校准部分磨出倒锥量。铰刀齿数一般为 4 ~ 8 齿，为测量直径方便，多采用偶数齿。

2. 铰刀的种类

铰刀有手铰刀和机铰刀两种。手铰刀（图 2-84a）用于手工铰孔，柄部为直柄，工作部分较长；机铰刀（图 2-84b）多为锥柄，装在钻床上进行铰孔。

铰刀按用途不同有圆柱形铰刀和圆锥形铰刀（图 2-85），圆柱形铰刀又分为固定式和可调式两种。圆锥形铰刀是用来铰圆锥孔的。用作加工定位销孔的锥铰刀，其锥度为 1∶50（即在 50mm 长度内，铰刀两端直径差为 1mm），可使铰的锥孔与圆锥销紧密配合。可调式

a)　　　　b)

图 2-84　铰刀

a）手铰刀　b）机铰刀

铰刀（图 2-86）主要用在装配和修理时铰非标准尺寸的通孔。

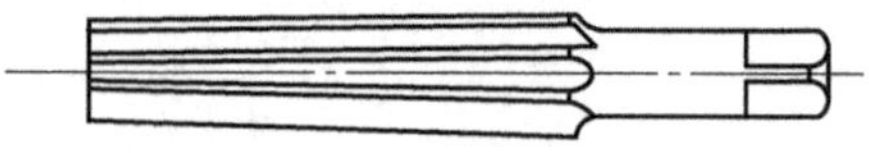

图 2-85　圆锥形铰刀

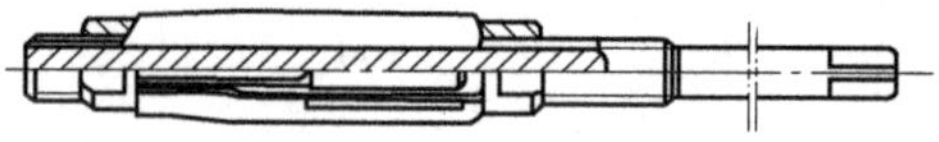

图 2-86　可调式铰刀

铰刀的刀齿有直齿和螺旋齿两种。直齿铰刀较常见，螺旋齿铰刀（图 2-87）多用于铰有缺口或带槽的孔，其特点是在铰削时不会被槽边钩住，且切削平稳。

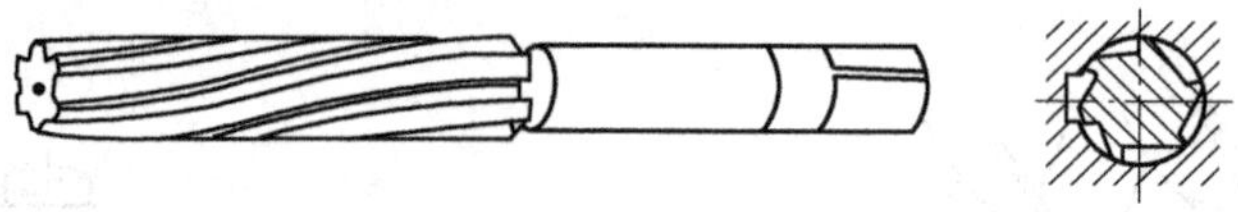

图 2-87　螺旋齿铰刀

3. 铰削用量

铰削用量包括铰削余量、切削速度和进给量。

（1）铰削余量　铰削余量是上道工序（钻孔或扩孔）完成后留下的直径方向的加工余量。铰削余量留得太多，孔铰不光，铰刀容易磨损，只能增加铰削次数，降低生产率，同时工件尺寸精度降低，表面粗糙度值增大；铰削余量留得太小，不能去掉上道加工留下的刀痕，不能达到铰孔的要求。因此，合理选择铰削余量很重要。表 2-7 列出了合理的铰削余量的范围，机铰取其中较大的余量，手铰取较小的余量。

（2）机铰切削速度　为了得到较小的表面粗糙度值，必须避免产生刀瘤，减少切削热及变形，因而应采取较小的切削速度。用高速钢铰刀铰钢件时，切削速度 $v_c = 4 \sim 8$m/min；铰铜件时，$v_c = 8 \sim 12$m/min。

表 2-7　铰削余量　（单位：mm）

孔的直径	<5	5～20	21～32	33～50	51～70
铰削余量	0.1～0.2	0.2～0.3	0.3	0.5	0.8

（3）机铰进给量　进给量要适当，如过大铰刀要磨损，也影响加工质量；过小则很难切下金属材料，形成对材料的挤压，使其产生塑性变形和表面硬化，最后形成切削刃撕去大片切屑，使表面粗糙度值增大，并加快铰刀的磨损。

机铰钢件及铸铁件时，$f = 0.5 \sim 1$mm/r；机铰铜和铝件时，$f = 1 \sim 1.2$mm/r。

4. 铰孔时的冷却润滑

铰削时必须选用适当的切削液来减少摩擦并降低刀具和工件的温度，防止产生积屑瘤并避免切屑细末粘附在铰刀切削刃上及孔壁和铰刀的刃带之间，从而增大加工表面的表面粗糙度值与孔的扩张量。选用切削液时可参考表2-8。

表2-8 铰孔时切削液的选用

加工材料	切削液
钢	1. 10%～20%乳化液 2. 铰孔要求高时，采用30%菜油加70%肥皂水 3. 铰孔要求更高时，可采用菜油、柴油、猪油等
铸铁	1. 煤油（但会引起孔径缩小，最大收缩量为0.02～0.04mm） 2. 低浓度乳化液 （也可不用）
铝	煤油
铜	乳化液

5. 铰孔的方法

1）手铰时，工件要夹牢，铰刀伸入孔时要与孔端面垂直，特别是在薄件上铰孔时，要用角尺校正铰刀是否与孔端面垂直。

2）在手铰起铰时，可用右手通过铰孔轴线施加压力，左手转动铰刀。正常铰削时，两手用力要均匀，使铰刀平稳地旋转，不得有侧向压力，同时适当加压，使铰刀均匀地进给，以保证铰刀正确引进，从而获得较小的表面粗糙度值，并避免孔口成喇叭形或将孔径扩大。

3）铰刀铰孔或铰刀退出时，铰刀均不能反转，以防止刃口磨钝以及切屑嵌入刀具后面与孔壁间将孔壁划伤。

4）机铰时，应在工件一次装夹时进行钻、铰工作，以保证铰刀中心线与钻孔中心线一致。铰削完成后，铰刀退出后再停车，以防止孔壁拉出痕迹。

5）铰尺寸较小的圆锥孔，可先按小端直径并留取圆柱孔精铰余量钻出圆柱孔，然后用锥铰刀铰削即可。对尺寸和深度较大的锥孔，为减小铰削余量，铰孔前可先钻出阶梯孔（图2-88），然后再用铰刀铰削。铰削过程中要经常用相配的锥销来检查铰孔尺寸，如图2-89所示。

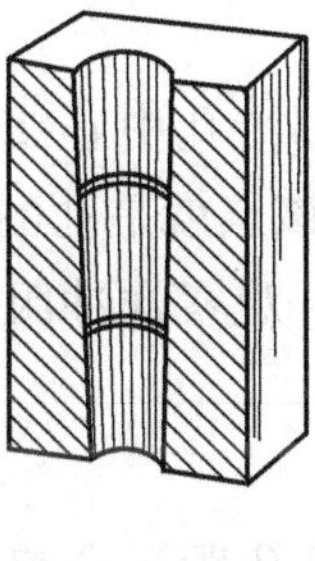

图2-88 钻阶梯孔

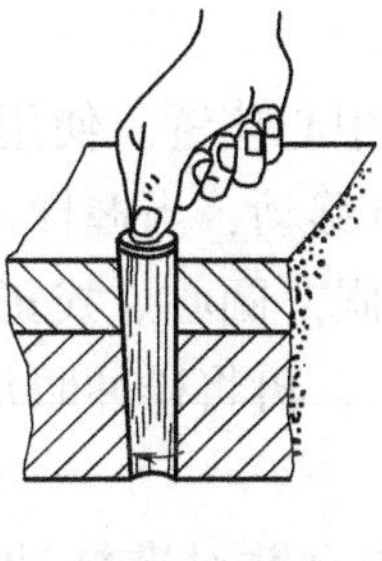

图2-89 用锥销检查铰孔尺寸

孔加工技能训练

钻孔、扩孔和铰孔

一、制作实例

完成如图2-90所示钻孔制件的加工，技术要求如图所示，材料为45钢。

1）在同一平面上钻、铰三孔。按图样要求保证各孔的位置度、尺寸精度和表面粗糙度。材料经热处理硬度为175～225HB。

2）制件的外形尺寸为90mm×70mm×20mm，有三个基准面*A*、*B*和*C*，*A*面与*B*面的垂直度误差≤0.07mm，*C*面与*A*面和*B*面的垂直度误差均≤0.05mm。

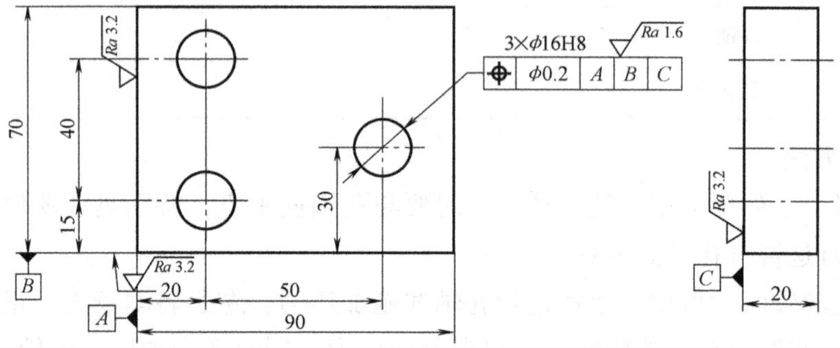

图2-90　钻孔制件

二、准备工作

1）划线工具。方箱、C形夹头、高度游标卡尺、划规、样冲、锤子和蓝油。

2）量具。塞规、游标卡尺和表面粗糙度样板。

3）刃具。中心钻，ϕ13mm和ϕ15.5mm的麻花钻，粗、精铰刀。

4）钻床、钻套、斜铁和机用平口钳。

三、操作要点

1. 划线

采用一般的划线方法，位置度公差只能达到0.25～0.5mm，而图样要求孔的位置度公差为ϕ0.2mm。若要达到图样要求，一是钻头的刃磨，二是划线。

1）使用高度游标卡尺划线，其刃口要锋利，尺寸要调准，保证线迹细而清晰，位置正确。

2）确定孔中心位置。使用的样冲要圆而尖。将样冲的尖部沿孔中心线的一条线向孔的两中心线的交点移动，当握样冲的手指有明显的停顿感觉时，该点就是孔的圆心。

3）打样冲眼。圆心点找正后，将样冲保持垂直，先轻打，观察样冲眼是否偏离中心十字。确定无误后，再将样冲眼加大，并划出校正圆。

2. 试钻

试钻时用中心钻对准样冲眼，钻2mm深的小孔，测量各孔距，合格后继续钻60°锥孔，再扩孔到需要的尺寸。如果发现孔有偏位，必须借正。如偏位较少，可移动工件或移动钻床主轴来借正；如偏位较大，可在借正方向上打几个样冲眼或用小錾子錾出几条槽，以减少此处的阻力，达到借正的目的。借正反复进行，但必须在锥坑尺寸小于孔径尺寸之前进行。

3. 钻孔、扩孔和铰孔

根据图样要求，其操作工序为：钻孔→扩孔→粗铰→精铰。

（1）钻底孔　用 ϕ13mm 的钻头钻通孔，切削用量选择如下：

切削速度 = 20m/min；

进给量 = 0.18 ~ 0.38mm/r；

背吃刀量 = 6.5mm。

（2）扩孔　用 ϕ15.5mm 的钻头将孔的直径扩至 ϕ15.5mm，给铰削留 0.5mm 的余量，切削用量选择如下：

切削速度 = 10m/min；

进给量 = 0.24 ~ 0.56mm/r；

背吃刀量 = 1.25mm。

扩孔是铰孔前的一道重要工序，对保证孔的位置精度和孔的尺寸精度都有主要作用。

在钻孔和扩孔时应注意排屑和注入充足的切削液，两者所用的切削液均为 3% ~ 5% 的乳化液。

（3）粗铰和精铰　粗铰时用 ϕ15.8mm 的铰刀进行铰削，留精铰余量 0.2mm；精铰时用已研好的铰刀进行铰削。两者均用机铰，切削用量选择如下：

切削速度 = 8m/min；

进给量 = 0.4mm/r；

切削液：10% ~ 20% 乳化液。

四、质量检查

1）孔位置度的检查。

2）孔尺寸的检查。

3）表面粗糙度的检查。

思考与练习

1. 麻花钻由哪几部分组成？
2. 试述麻花钻顶角、前角、后角和横刃斜角的定义。
3. 标准麻花钻有哪些缺点？对钻削有何不良影响？
4. 试述标准麻花钻的修磨方法。
5. 选择钻削用量的原则是什么？
6. 在钢板上钻削 ϕ12H10 孔，试回答下列问题。

（1）确定钻削用量的选择顺序。

（2）选择合理的切削用量。

（3）计算此时钻床的主轴转速。

（4）选择合适的切削液。

7. 铰刀由哪几部分组成？各部分的主要作用是什么？

8. 铰刀如何分类？

9. 如何确定铰削余量？铰削余量大小对铰孔有哪些影响？

任务六　螺纹加工

学习目标

1. 掌握攻螺纹底孔直径和套螺纹圆杆直径的确定方法。
2. 掌握攻螺纹和套螺纹方法。
3. 熟悉丝锥折断和攻螺纹、套螺纹中常见问题的产生原因以及防止方法。
4. 提高钻头的刃磨技能。

一、螺纹加工相关工艺知识

1. 攻螺纹

用丝锥在工件孔中切削出内螺纹的加工方法称为攻螺纹。

（1）丝锥和铰杠　丝锥是加工内螺纹的工具，其构造如图 2-91 所示，由工作部分和柄部组成。工作部分包括切削部分和校准部分。丝锥按加工方法分为机用丝锥和手用丝锥两种。按加工螺纹的种类不同分为普通三角螺纹丝锥，其中 M6～M24 丝锥为每组两只，M6 以下及 M24 以上的丝锥为每组三只；圆柱管螺纹丝锥，为每组两只；圆锥管螺纹丝锥，大小尺寸均为单只。

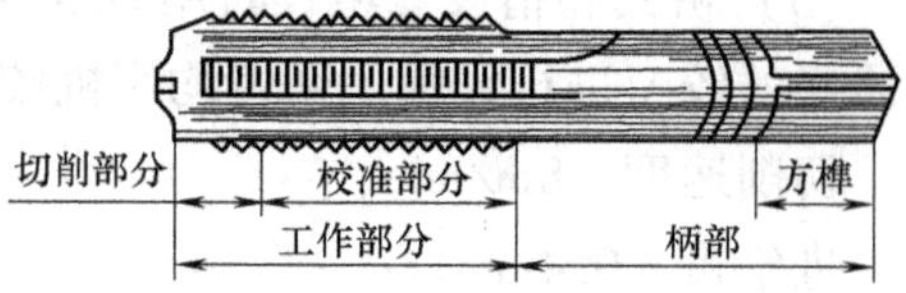

图 2-91　丝锥的构造

铰杠是手工攻螺纹时用来夹持丝锥的工具，分为普通铰杠（图 2-92）和丁字铰杠（图 2-93）两类。丁字铰杠适用于在高凸台旁边和箱体内部攻螺纹。各类铰杠又可分为固定式和可调式两种。固定式铰杠常用在攻 M5 以下的螺纹，可调式铰杠可以调节夹持孔的尺寸。

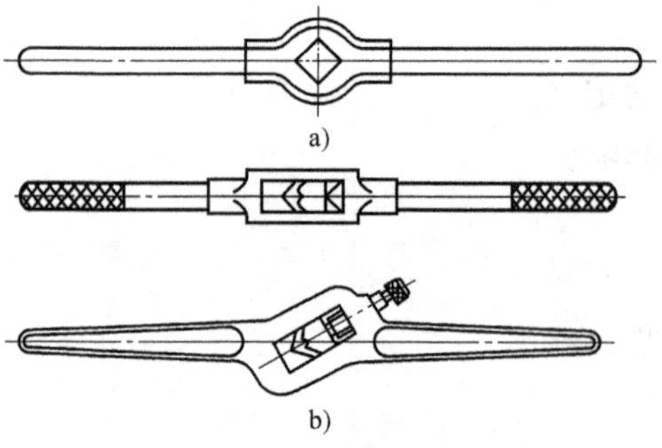

图 2-92　普通铰杠

a）固定式　b）可调式

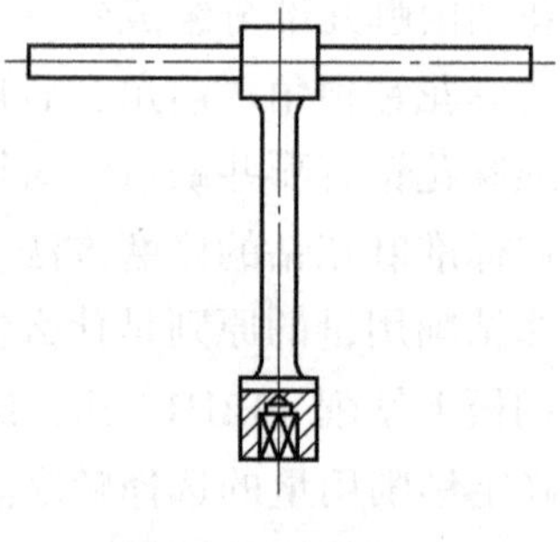

图 2-93　丁字铰杠

可调式铰杠的方孔尺寸和柄部的长度都有一定规格，使用时应按丝锥尺寸大小，参考表2-9合理选用。

表2-9　可调式铰杠的适用范围　　（单位：mm）

铰杠规格	150	225	275	375	475	600
适用的丝锥范围	M5 ~ M8	> M8 ~ M12	> M12 ~ M14	> M14 ~ M16	> M16 ~ M22	> M24

（2）攻螺纹底孔直径的确定　攻螺纹时，丝锥在切削金属的同时，还伴随着较强的挤压作用，使金属产生塑性变形形成凸起并挤向牙尖，如图2-94所示，使攻出的螺纹小径小于底孔直径。因此，攻螺纹前的底孔直径应稍大于螺纹小径，否则攻螺纹时因挤压作用，使螺纹牙顶与丝锥牙底之间没有足够的容屑空间，会将丝锥箍住，甚至折断丝锥，此种现象在攻塑性较大材料的螺纹时更为严重。但底孔不宜过大，否则会使螺纹牙型高度不够，降低其强度。

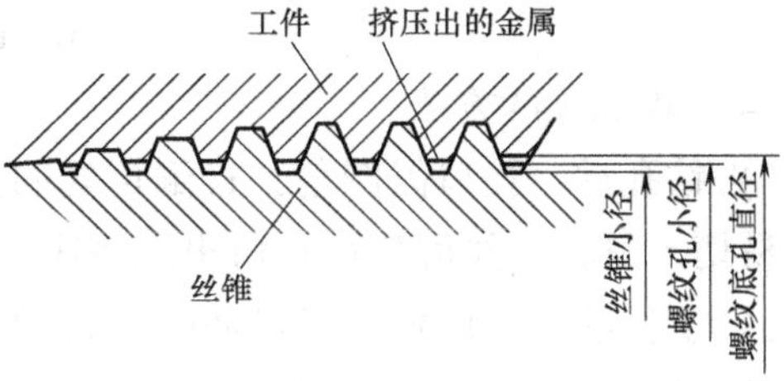

图2-94　金属塑性变形

底孔直径大小要根据工件材料的塑性及钻孔扩张量考虑，按以下经验公式计算得出。

1）在加工钢和塑性较大的材料及扩张量中等的条件下

$$D_{钻} = D - P$$

式中　$D_{钻}$——攻螺纹钻螺纹底孔用钻头直径（mm）；

D——螺纹大径（mm）；

P——螺距（mm）。

2）在加工铸铁和塑性较小的材料及扩张量较小的条件下

$$D_{钻} = D - 1.05 \sim 1.1P$$

（3）攻不通孔螺纹底孔深度的确定　攻不通孔螺纹时，由于丝锥切削部分有锥角，端部不能切出完整的螺纹牙型，所以钻孔深度要大于螺纹的有效深度，如图2-95所示，一般为

$$H_{钻} = h_{有效} + 0.7D$$

式中　$H_{钻}$——底孔深度（mm）；

$h_{有效}$——螺纹有效深度（mm）；

D——螺纹大径（mm）。

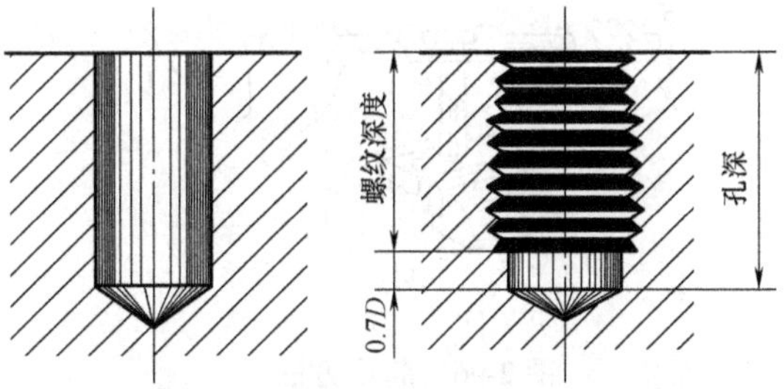

图2-95　钻孔深度大于螺纹有效深度

【例】　分别计算在钢件和铸铁件上攻M10螺纹时的底孔直径。若攻不通孔螺纹，其螺纹有效深度为60mm，求底孔深度。

解：钢件攻螺纹时的底孔直径为

$$D_{钻} = D - P = 10\text{mm} - 1.5\text{mm} = 8.5\text{mm}$$

铸铁件攻螺纹时的底孔直径为

$$\begin{aligned} D_{钻} &= D - 1.05 \sim 1.1P \\ &= 10\text{mm} - 1.05 \sim 1.1 \times 1.5\text{mm} \\ &= 10\text{mm} - 1.575 \sim 1.65\text{mm} \\ &= 8.425 \sim 8.35\text{mm} \end{aligned}$$

取 $D_{钻}=8.4\text{mm}$（按钻头直径标准系列取一位小数），底孔深度为

$$\begin{aligned} H_{钻} &= h_{有效} + 0.7D \\ &= 60\text{mm} + 0.7 \times 10\text{mm} \\ &= 67\text{mm} \end{aligned}$$

（4）攻螺纹的方法

1）钻孔后，孔口需倒角，且倒角处的直径应略大于螺纹大径，这样可使丝锥开始切削时容易切入材料，并可防止孔口出现挤压出的凸边。

2）工件的装夹位置应尽量使螺纹孔的中心线置于垂直或水平位置，这样攻螺纹时易于判断丝锥是否垂直于工件表面。

3）用头锥起攻。起攻时，可用一手手掌按住铰杠中部，沿丝锥轴线用力加压，另一手配合作顺向旋进，如图 2-96a 所示；或两手握住铰杠两端均匀施加压力，并将丝锥顺向旋进，如图 2-96b 所示。当丝锥切入 1 ~2 圈后，应及时检查并校正丝锥的位置。检查应在丝锥的前后、左右方向上，用直角尺进行校正，如图 2-97 所示。

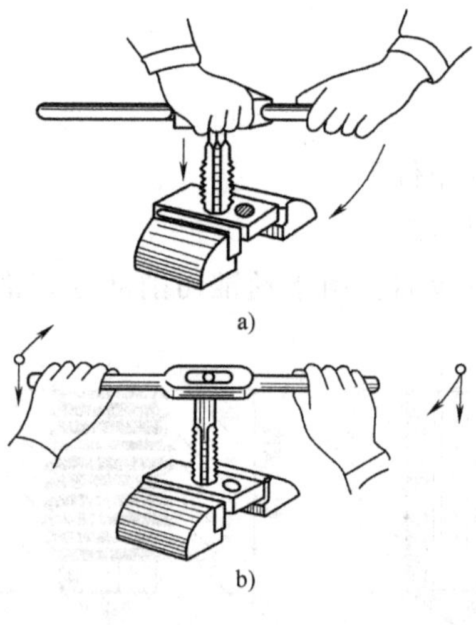

图 2-96　起攻方法

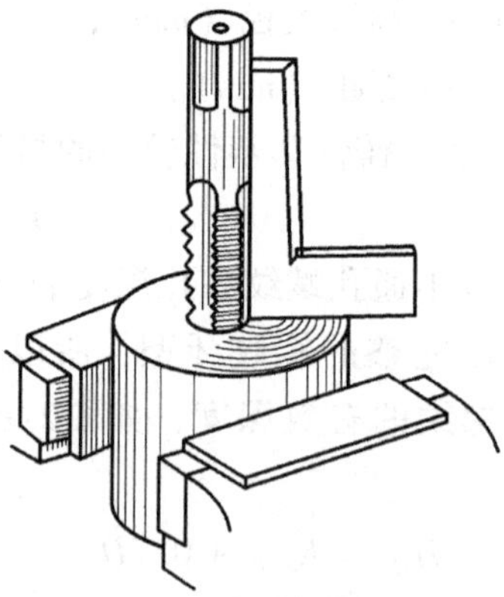

图 2-97　用直角尺检查垂直度

4）当丝锥切入 3 ~4 圈时，只需转动铰杠即可，不需要再施加压力，而靠丝锥作自然旋进切削。

5）攻螺纹时，每扳转铰杠 1/2 ~1 圈，要倒转 1/4 ~1/2 圈，使切屑断碎后容易排除，避免因切屑阻塞而使丝锥卡死。

6）攻不通孔螺纹时，可在丝锥上做好深度记号，并且要经常退出丝锥，这样以便清除

孔内的切屑，以免丝锥折断或被卡死。当工件不便倒向进行清屑时，可用磁性棒吸出切屑。

7）攻韧性材料的螺纹孔时要加切削液，以减小切削阻力，减小螺纹孔的表面粗糙度值，延长丝锥寿命；攻钢件时加机油；攻铸铁件时加煤油；螺纹质量要求较高时加工业植物油。

8）攻螺纹时，必须以头攻、二攻、三攻的顺序切削至标准尺寸。在较硬的材料上攻螺纹时，可用各丝锥轮换交替进行，以减小切削刃部的负荷，防止丝锥折断。

9）退出丝锥时，先用铰杠平稳反向转动，当能用手旋动丝锥时，停止使用铰杠，防止铰杠带动丝锥退出，从而产生摇摆、振动并损坏螺纹表面。

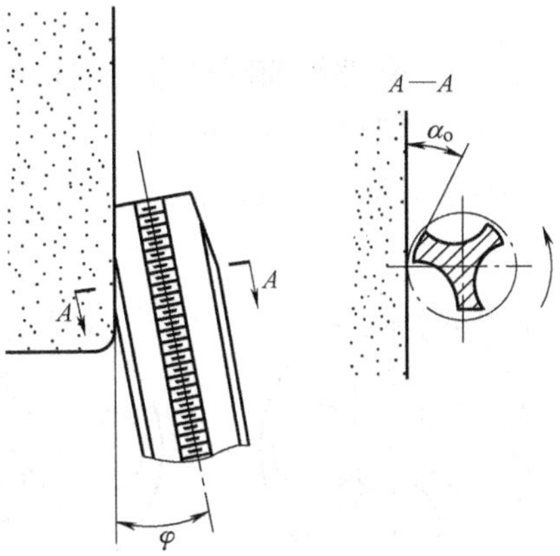

图 2-98　修磨丝锥的后刀面

（5）丝锥的修磨　当丝锥的切削部分磨损时，可以修磨其后刀面，如图 2-98 所示。修磨时要注意保持各刃瓣的半锥角 φ 及切削部分长度准确性的一致。转动丝锥时要留心，不要使另一刃瓣的刀齿碰擦而磨坏。

当丝锥的校正部分有显著磨损时，可用棱角修圆的片状砂轮修磨其前刀面，如图 2-99 所示，并控制好一定的前角 γ_o。

2. 套螺纹

用板牙在圆杆上切出外螺纹的加工方法称为套螺纹。

（1）板牙和板牙架　板牙是加工外螺纹的工具，用合金工具钢或高速钢制作并经淬火处理。如图 2-100 所示为圆板牙的结构，由切削部分、校准部分和排屑孔组成。圆板牙就像一个圆螺母，只是在其上钻有几个排屑孔并形成切削刃。其外圆上有四个锥坑和一条 V 形槽，图 2-100 中下面两个锥坑，其轴线与板牙直径方向一致，借助铰杠（图 2-101）上的两个相应位置的紧固螺钉顶紧后，用于套螺纹时传递转矩。当板牙磨损，套出的螺纹尺寸变大以致超出公差范围时，可用锯片砂轮沿板牙 V 形槽将板牙磨割出一条通槽，将铰杠上的另两个紧固螺钉拧紧，顶入板牙上面两个偏心的锥坑内，使板牙的螺纹中径变小。调整时，应使用标准样件进行尺寸校对。

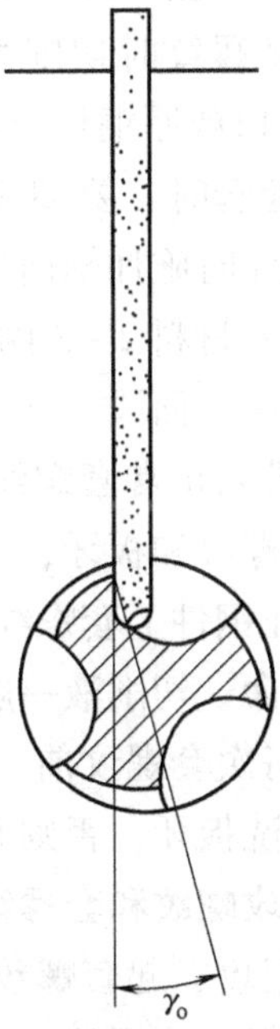

图 2-99　修磨丝锥的前刀面

板牙架是装夹板牙的工具，图 2-102 所示为圆板牙架。板牙放入板牙架后，用螺钉紧固。

（2）套螺纹前圆杆直径的确定　与用丝锥攻螺纹相同，用板牙在工件上套螺纹时，材

料同样因受挤压作用而变形，牙顶将被挤高一些。所以，套螺纹前圆杆直径应稍小于螺纹的大径尺寸，一般圆杆直径用下式计算

$$d_{杆} = d - 0.13P$$

式中 $d_{杆}$——套螺纹前圆杆直径（mm）；

d——螺纹大径（mm）；

P——螺距（mm）。

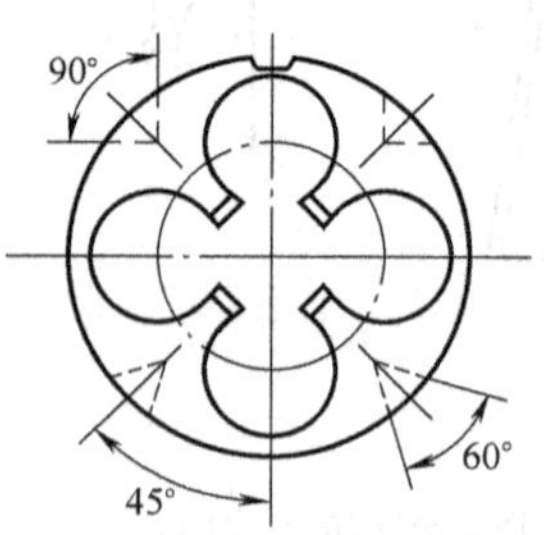

图 2-100　圆板牙

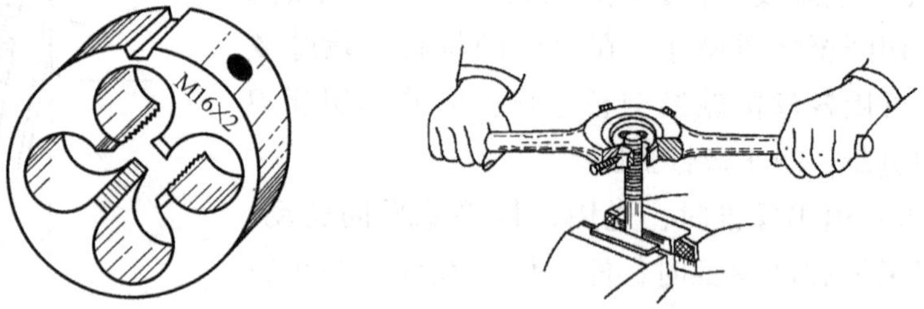

图 2-101　圆板牙铰杠

（3）套螺纹的方法

1）套螺纹时，为了使板牙容易切入材料，圆杆端部要倒成锥角，如图 2-103 所示。

2）套螺纹时切削力矩较大，圆杆内的工件要用 V 形钳口或厚铜板作衬垫，才能够夹持牢固。

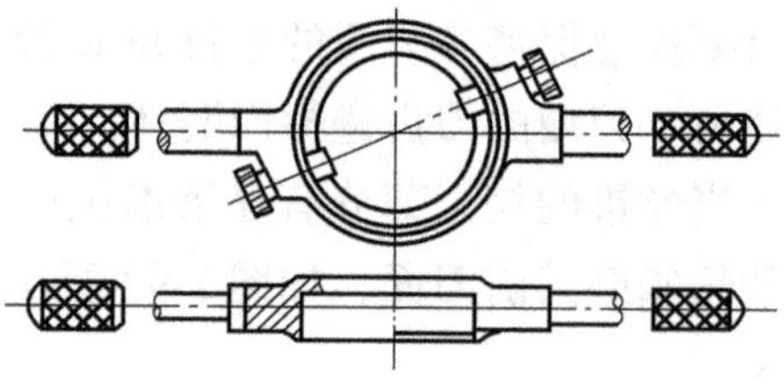

图 2-102　圆板牙架

3）起套时，要使板牙的端面与圆杆垂直。要在转动板牙时施加轴向压力，转动要慢，压力要大。当板牙切入材料 2 ~ 3 圈时，要及时检查并校正螺牙端面与圆杆是否垂直，否则切出的螺纹牙型一面深一面浅，甚至出现乱牙。

4）进入正常套螺纹状态时，不要再加压，让板牙自然引进，以免损坏螺纹和板牙，并要经常倒转断屑。

5）在钢件上套螺纹时要加切削液，以提高螺纹表面质量和延长板牙寿命。切削液一般选用较浓的乳化液或机械油。

6）每次套螺纹前，应将板牙容屑孔内及螺纹内的切屑除净，并用油清洗板牙，否则要影响工件的表面质量。

二、攻螺纹和套螺纹时的注意事项

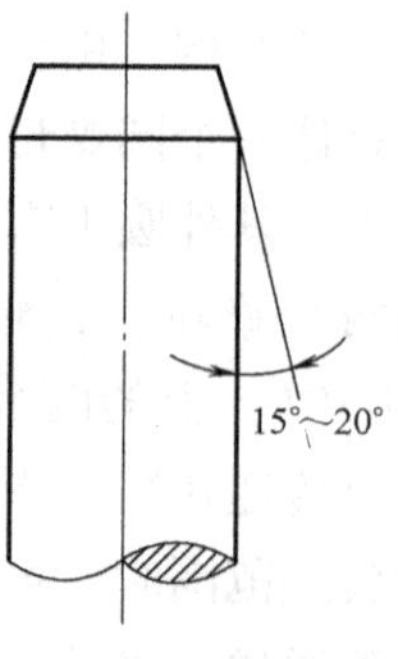

图 2-103　套螺纹时圆杆的倒角

1）起攻、起套螺纹时，要从两个方向进行垂直度的及时校正，这是保证攻螺纹和套螺纹质量的重要一环。特别是在套螺纹时，由于板牙切削部分的锥角较大，起套时的导向性较差，容易产生板牙端面与圆杆轴心线不垂直的情况，切出的螺纹牙型一面深一面浅，而且随着螺纹长度的增加，其歪斜现象将明显增加，甚至不能继续切削。

2）起攻、起套螺纹的正确性以及攻螺纹和套螺纹时控制两手用力的均匀性和掌握好用

力限度，是攻螺纹和套螺纹的基本功之一，必须掌握。

3）熟悉攻螺纹和套螺纹中常见的问题及其产生的原因（表2-10），以便在练习时加以注意。

表2-10　攻螺纹和套螺纹时可能出现的问题及产生的原因

出现问题	产生原因
螺纹乱牙	1. 攻螺纹时底孔直径太小，起攻困难，左右摆动，孔口乱牙 2. 换用二、三锥时强行校正，或没旋合好就攻下 3. 圆杆直径过大，起套困难，左右摆动，杆端乱牙
螺纹滑牙	1. 攻不通孔的较小螺纹时，丝锥已到底仍继续转 2. 攻强度低或小孔径螺纹时，丝锥已切出螺纹仍继续加压，或攻完时连同铰杠作自由的快速转出 3. 未加适当切削液及一直攻、套螺纹不倒转，切屑堵塞将螺纹啃坏
螺纹歪斜	1. 攻、套螺纹时位置不正，起攻、起套时未作垂直度检查 2. 孔口、杆端倒角不良，两手用力不均，切入时歪斜
螺纹形状不完整	1. 攻螺纹底孔直径太大或套螺纹圆杆直径太小 2. 圆杆不直 3. 板牙经常摆动
丝锥折断	1. 底孔太小 2. 攻入时丝锥歪斜或歪斜后强行校正 3. 没有经常反转断屑和清屑，或不通孔攻到底还继续攻 4. 铰杠使用不当 5. 丝锥牙齿爆裂或磨损过多而强行攻下 6. 工件材料过硬或夹有硬点 7. 两手用力不均或用力过猛

螺纹加工技能训练

攻　螺　纹

一、制件尺寸及技术要求

加工如图2-104所示攻螺纹制件，毛坯尺寸为50mm×60mm×10mm，材料为HT150。

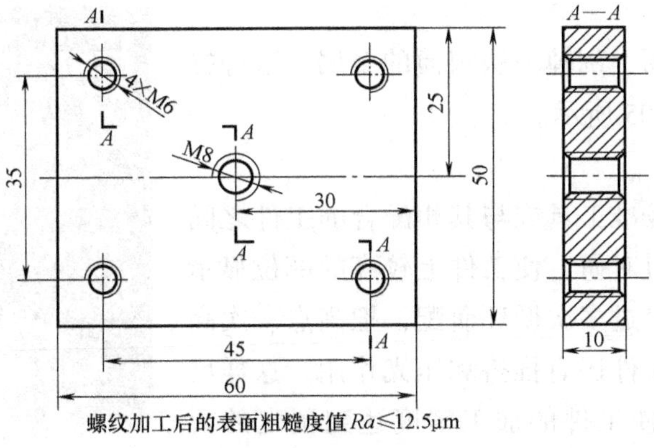

图2-104　攻螺纹制件

二、操作步骤

1）按图 2-104 要求，划出各螺纹的加工位置线，钻各螺纹的底孔，并对孔口进行倒角。

2）选用丝锥，依次攻制 4 × M6 和 M8 的螺纹，并用相应的螺钉进行配检。

三、注意事项

1）用钻床钻螺纹底孔时，必须先熟悉机床的使用和调整方法，然后再进行加工，并做到安全操作。

2）起攻时，要从两个方向进行垂直度的及时校正，这是保证螺纹质量的重要一环。

3）起攻的正确性以及攻螺纹时能控制两手用力的均匀性和掌握好用力限度，是攻螺纹的基本功之一，必须掌握。

思考与练习

1. 试述丝锥的组成部分及各部分的作用。

2. 如何对丝锥进行修磨？

3. 分别在钢件和铸铁件上攻制 M12 的内螺纹，若螺纹的有效长度为 35mm，试确定攻螺纹前钻底孔钻头的直径及钻孔深度。

4. 简述攻螺纹和套螺纹时常见的问题以及产生的原因。

任务七　刮　　削

学习目标

1. 熟悉刮削原理、特点以及应用。
2. 了解刮削工具的使用方法。
3. 掌握正确的刮削姿势及操作要领。
4. 掌握刮削质量的检验方法。
5. 了解刮削时的注意事项。

一、刮削概述

用刮刀在工件表面上刮掉一层很薄的金属，这种操作称为刮削，如图 2-105 所示。

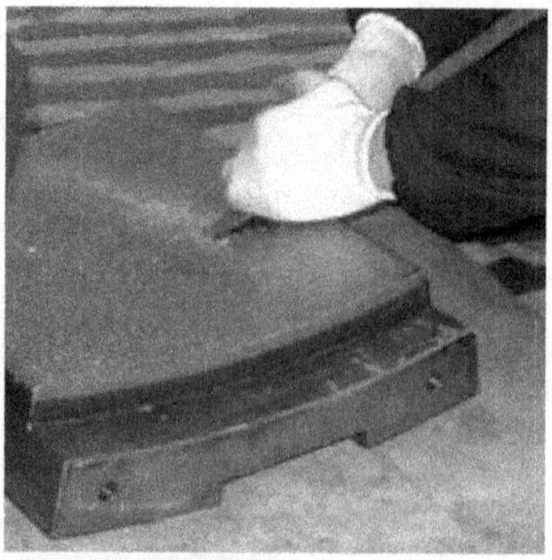

图 2-105　刮削

1. 刮削原理

刮削是将工件与校准工具或与其相配合的工件之间涂上一层显示剂，经过对研，使工件上较高的部位显示出来，将高点刮去，经过多次循环研配，把高点、次高点刮去，同时刮刀对工件还有推挤和压光作用。这样反复地进行刮削，就能使工件的加工精度达到预定的要求。

2. 刮削特点

刮削具有切削量小、切削力小、产生热量少、装夹变形小等特点，不存在车、铣、刨、磨等机械加工中不可避免的振动和热变形等因素，所以能获得很高的尺寸精度、形状和位置精度、接触精度、传动精度和很小的表面粗糙度值。

在刮削过程中，由于工件多次受到刮刀的推挤和压光作用，从而使工件表面组织变得比原来紧密，表面粗糙度值很小。

刮削后的工件表面，还能形成比较均匀的微浅凹坑，可创造良好的存油条件，改善了相对运动零件之间的润滑情况。

3. 刮削的应用

1）用于零件的形状精度和尺寸精度要求较高时。

2）用于互配件精度要求较高时。

3）用于装配精度要求较高时。

4）用于需要得到美观的表面时。

4. 刮削余量

刮削是一项繁重的操作，每次的刮削量很少。因此，机械加工所留下的刮削余量不能太大，否则会耗费很多时间，增加不必要的劳动强度。但是，刮削余量也不能太小，否则不能刮削出正确的形状、尺寸和很好的表面质量。合理的刮削余量与工件面积有关，其数值见表2-11。当工件刚性较差、容易变形时，刮削余量可比表2-11中略大些，由经验确定。

表2-11　刮削余量　（单位：mm）

平面的刮削余量					
平面宽度	平面长度				
	100~500	500~1000	1000~2000	2000~4000	4000~6000
<100	0.10	0.15	0.20	0.25	0.30
100~500	0.15	0.20	0.25	0.30	0.40
孔的刮削余量					
孔径	孔长				
	<100	100~200	200~300		
<80	0.05	0.08	0.12		
80~180	0.10	0.15	0.25		
180~360	0.15	0.20	0.35		

5. 刮削种类

刮削可分为平面刮削和曲面刮削两种。

（1）平面刮削　平面刮削分为单个平面刮削（如平板）和组合平面刮削（如燕尾槽面）两种。

平面刮削一般要经过粗刮、细刮、精刮和刮花。

1）粗刮。一般要进行粗刮的表面有以下三种情况。

① 经过机械加工（如车、铣、刨等）的表面还留有较深的加工纹路。

② 由于保养不妥，表面严重生锈。

③ 工件经测量，尚有较多的余量（如0.05mm以上）。

粗刮是用粗刮刀在刮削面上均匀地铲去一层较厚的金属，可以采用连续推铲的方法，在长度方向刀迹要连成长片，刀迹的宽度应是刮刀宽度的2/3～3/4。其刀迹越宽越好，这样刮削量大。粗刮能很快地去除刀痕、锈斑或过多的余量。一般均匀地刮削一、二遍后，机加工纹路基本上可以消除。当粗刮到每25mm×25mm的方框内有2～3个研点时，即可转入细刮。

2）细刮。经过粗刮后的表面还不平整，与标准平板的接触点很少，因此需进行细刮。细刮是用细刮刀在刮削面上刮去稀疏的大块研点，目的是进一步改善表面不平现象。细刮时采用短刮法，刀痕宽而短，刀迹长度均为切削刃宽度，而且随着研点的增多，刀迹逐渐缩短。每刮一遍时，须按同一方向刮削（一般要与平面的边成一定角度），刮第二遍时要交叉刮削，以消除原方向刀迹。在整个刮削面上达到12～15点/（25mm×25mm）时，即可转入精刮。

3）精刮。在细刮的基础上，要通过精刮来增加接触面积，进一步提高表面质量。精刮就是用精刮刀更仔细地刮削研点，目的是增加研点，改善表面质量，使刮削面符合精度要求。精刮时采用点刮法（刀迹长度约为5mm）。刮面越窄小，精度要求越高，刀迹越短。精刮时，更要注意压力要轻、提刀要快，在每个研点上只刮一刀，不要重复刮削，并始终交叉地进行刮削。当研点增加到20点/（25mm×25mm）以上时，精刮结束。注意交叉刀迹的大小应该一致，排列应该整齐，以增加刮削面的美观性。

精刮时的清洁工作很重要，如果忽视它，往往在研磨研点时会在刮削面上拉出细纹或深痕来，那就要花很多时间才能够修复，严重的甚至还须从粗刮开始，若有尺寸要求时甚至因此而产生废品。

4）刮花。刮花是在刮削面或机器外观表面上用刮刀刮出装饰性花纹，目的是使刮削面美观，并使滑动件之间形成良好的润滑条件。常见的刮花花纹如图2-106所示。

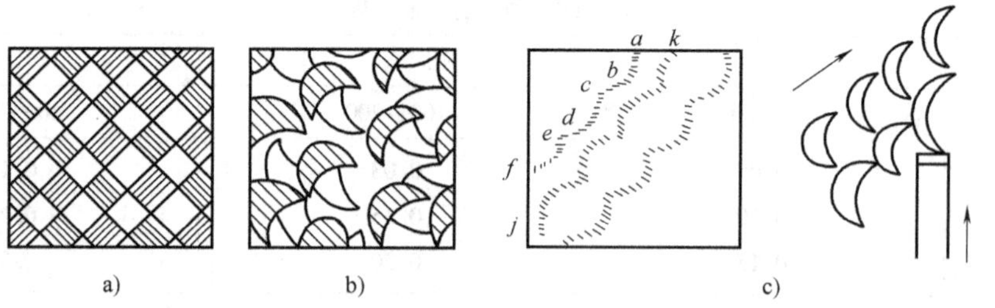

图2-106 刮花花纹

a）斜花纹 b）鱼鳞花 c）半月花

（2）曲面刮削 曲面刮削的原理与平面刮削相同，但内曲面刮削所用的工具与平面刮削不同。内曲面刮削用三角刮刀或蛇头刮刀，刀具做螺旋运动，以标准检验棒或相配合的轴作为内曲面研点的校准工具。校准时将蓝油涂在检验棒上，将检验棒塞在轴承孔中来回旋转来显示研点，如图2-107a所示，然后就可以针对高研点进行刮削，如图2-107b、c所示。

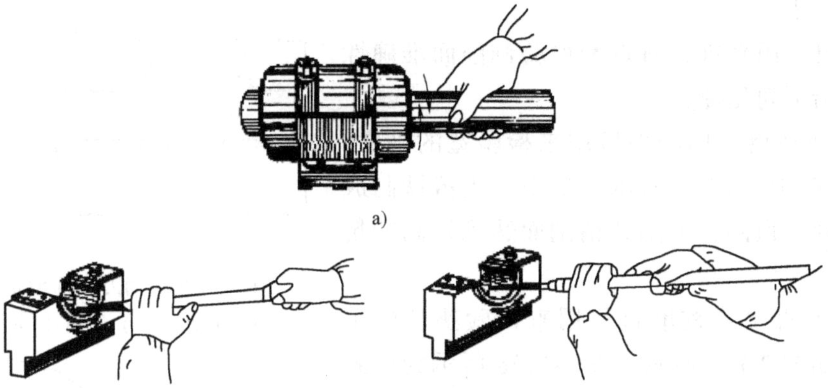

a)　b)　c)

图 2-107　曲面刮削

a）研点　b）、c）刮刀的握法

曲面刮削有内圆柱面、内圆锥面和球面刮削等。

二、刮削工具

1. 刮刀

刮刀是刮削的主要工具，具有高的硬度，使刃口能经常保持锋利。刮刀的材料一般由 T12A 碳素工具钢或耐磨性较好的 GCr15 滚动轴承钢锻造，并经磨制和热处理淬硬而成。刮削硬工件时，也可焊上硬质合金刀头。

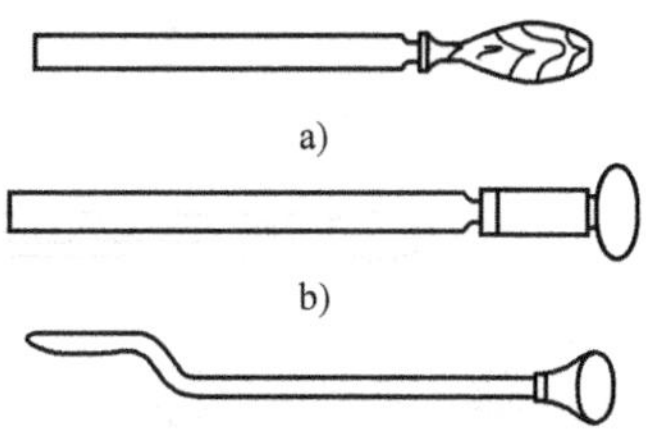

a)　b)　c)

图 2-108　普通刮刀

a）、b）直头刮刀　c）弯头刮刀

刮削时，由于工件的形状不同，因此要求刮刀有不同的形式，一般分为平面刮刀和曲面刮刀两大类。

（1）平面刮刀　用来刮削平面和外曲面。平面刮刀又分为普通刮刀和活头刮刀两种。

普通刮刀如图 2-108 所示，是平面刮刀中最常见的一种。按所刮表面精度的不同，普通刮刀可分为粗刮刀、细刮刀和精刮刀三种。平面刮刀的规格见表 2-12，刮刀头部形状和角度如图 2-109 所示。

表 2-12　平面刮刀的规格　（单位：mm）

	全长 L	宽度 B	厚度 t	活动头长度 l
粗刮刀	450～600	25～30	3～4	100
细刮刀	400～500	15～20	2～3	80
精刮刀	400～500	10～12	1.5～2	70

活头刮刀如图 2-110 所示，刮刀刀头采用碳素工具钢或轴承钢制造，刀身则用中碳钢制造，刀头与刀杆通过焊接或机械方法夹固在一起，可以根据不同的需要调换各种形状的刀头。

（2）曲面刮刀　用来刮削内曲面，如滑动轴承等。曲面刮刀又分为三角刮刀、柳叶刮刀和蛇头刮刀等，其形状如图 2-111 所示。

2. 校准工具

校准工具是用来推磨研点和检验刮削面准确性的工具，包括下列几种。

（1）标准平板　标准平板用来检验宽的平面，其结构和形状如图 2-112 所示，是用一级铸铁制成的，经过粗刨、粗刮、细刮和精刮而达到较高的精度。

（2）校准直尺　校准直尺用来检验狭长的平面，其形状如图 2-113 所示。图 2-113a 所示为桥式直尺，用来检验较大导轨的平面度。图 2-113b 所示为工字形直尺，包括两种：一种是单面直尺，其一面经过精刮，精度较高，用来检验较短导轨的平面度；另一种是两面都经过精刮并且互相平行的直尺，用来检验导轨相对位置的正确性。

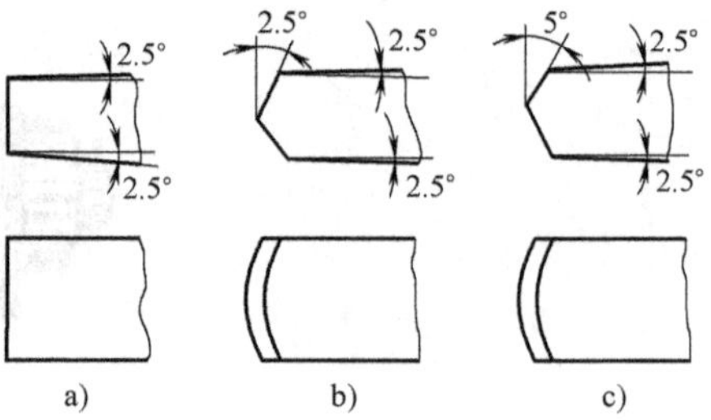

图 2-109　刮刀头部形状和角度
a）粗刮刀　b）细刮刀　c）精刮刀

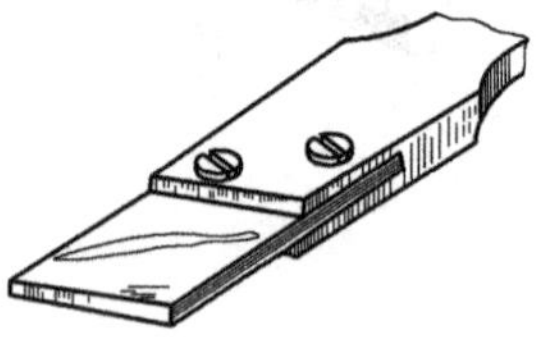

图 2-110　活头刮刀

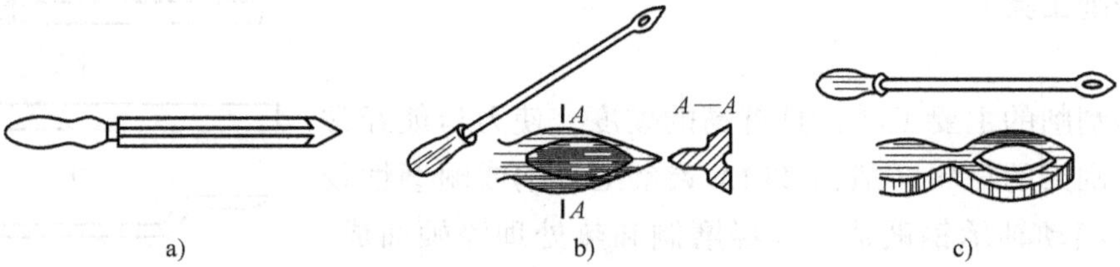

图 2-111　曲面刮刀
a）三角刮刀　b）柳叶刮刀　c）蛇头刮刀

（3）角度直尺　角度直尺用来检验燕尾导轨的角度，其形状如图 2-114 所示。角度直尺的两面经过精刮并成所需的标准角度，如 60°；第三面只需刨光，在放置时作支撑面用。

刮削曲面时，往往用相配的轴作为校准工具。如无现成轴，可自制一根标准检验棒来进行检验。

图 2-112　校准平板

图 2-113　校准直尺
a）桥式直尺　b）工字形直尺

3. 显示剂

工件和校准工具对研时，所加的涂料称为显示剂，其作用是显示工件误差的位置和大小。利用显示剂校准的方法称为显示法，显点的方法应根据不同形状和刮削面积的大小有所区别。图 2-115 所示为平面与曲面显点方法。

（1）显示剂的种类

1）红丹粉。红丹粉有铅丹和铁丹两种。铅丹（氧化铅，呈橘红色）和铁丹（氧化铁，呈红褐色）的粒度极细，用时与牛油或机油调和。红丹粉由于显示清晰，价格较低，因此使用最广，通常在铸铁和钢件上使用。

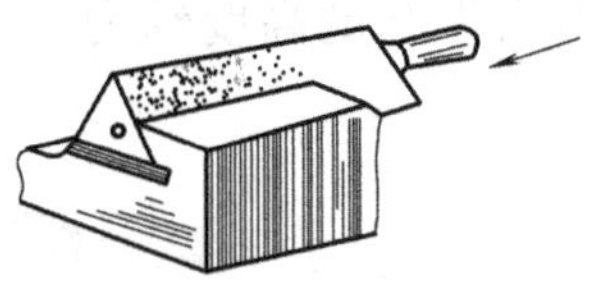

图 2-114　角度直尺

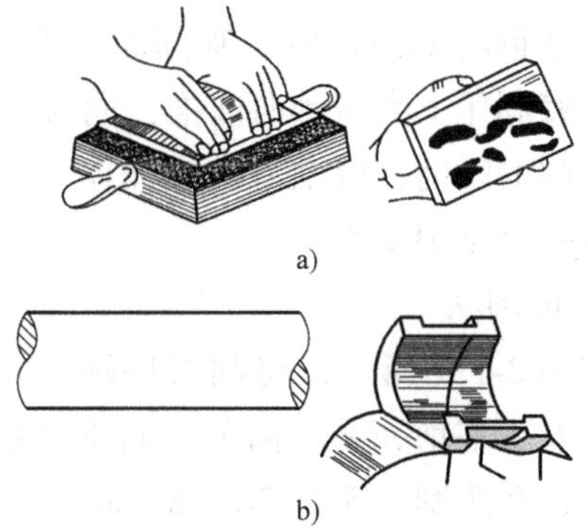

图 2-115　平面和曲面显点方法

a）平面显点　b）曲面显点

2）蓝油。蓝油是用蓝粉和蓖麻油及适量机油调和而成的，呈深蓝色，其研点小而清楚，多用于精密工件和有色金属及其合金工件。

（2）显示剂的使用方法　显示剂使用得是否正确与刮削质量有很大的关系。红丹粉与牛油或机油调和时，油不能加得太多，主要能润开就可以了。粗刮时，可调得稀些，这样在刀痕较多的工件表面上便于涂抹，显示的研点也大；精刮时，应调得厚些，涂抹要薄而均匀，这样显示的研点细小，否则研点会模糊不清。

刮削时红丹粉可以涂在工件表面上，也可涂在标准平板上。涂在工件表面上时，显示后呈红底黑点，不闪光，看得比较清楚。涂在标准平板上时，工件只在高点处着色，显示也清楚，同时切屑不易粘附在刀口上，刮削方便，且可减少涂抹次数。但随着刮削工作的进行，研点逐渐增多，尤其是在刮削的最后阶段和精刮时，显示研点就模糊，此时应将红丹粉涂在工件表面上。

（3）显示剂的使用注意事项

1）显示剂在使用过程中必须保持清洁干净，不能混进污物、沙粒、铁屑和其他脏物，以免把工件表面划伤。因此，装显示剂的器皿应有盖子，以保持显示剂的清洁，并防止挥发（蓝油易挥发）。

2）涂红丹粉用的棉布团或羊毛毡必须干净，涂抹时应均匀，才能显示真实的贴合情况。

三、刮削姿势

刮削时姿势很重要，如果姿势不正确，就很难发挥出力量，工作效率不高，质量也不能保证，因此必须掌握正确的刮削姿势。目前常采用的刮削姿势有两种：一种是手刮法；另一种是挺刮法。

1. 手刮法

如图2-116所示，右手握刀柄，左手四指向下握住距刮刀头部50～70mm处，左手靠小拇指掌部贴在刀背上，刮刀与刮削面成25°～30°角。同时，左脚前跨一步，上身前倾，身体重心偏向左脚。刮削时刀头找准研点，右臂利用上身摆动向前推，同时左手下压，落刀要轻并引导刮刀前进方向；左手随着研点被刮削的瞬间，以刮刀的反弹作用力迅速提起刀头，刀头提起的高度约为5～10mm，如此完成一个刮削动作。

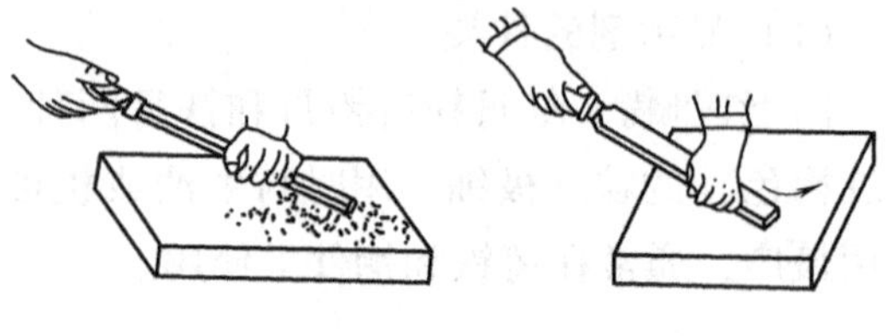

图2-116　手刮法

2. 挺刮法

如图2-117所示，将刮刀柄顶在小腹右下侧，左手在前、掌心向下，右手在后、掌心向上，在距刮刀头部70～80mm处握住刀身。刮削时刀头对准研点，左手下压，右手控制刀头方向，利用腿部和臀部的力量往前推动刮刀；随着研点被刮削的瞬间，双手利用刮刀的反弹作用力迅速提起刀头，刀头提起的高度约为5～10mm。

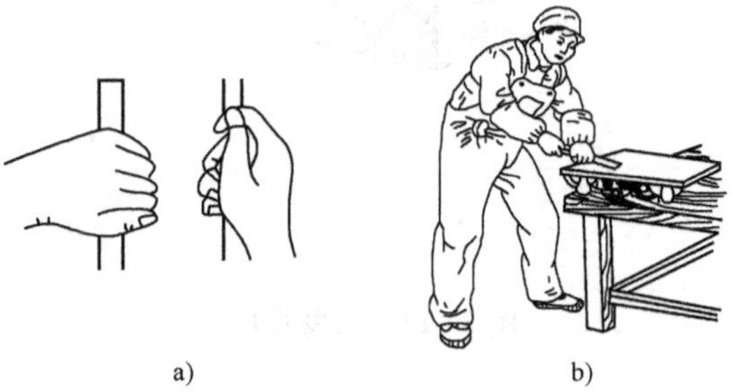

图2-117　挺刮法

a）刮刀的握法　b）挺刮的姿势

挺刮法便于用力，每刀刮削量大，但身体常弯曲着比较疲劳。手刮法推、压和提起的动作都是依靠两手臂的力量来完成的，它与挺刮法相比，要求臂力大，尤其是在工件误差较大时，若没有较大的臂力和锋利的刮刀，要完成工件的刮削工作需要很长的时间。但是在刮削很大面积的表面时，挺刮就有困难，甚至没法刮，这种情况只能用手刮法。

综上所述，两种方法各有其长处和短处，手刮法灵活性大，挺刮法刮削量大。究竟采用哪一种方法，根据个人自身习惯而定。若能掌握这两种方法，则可根据工件刮削面的大小、高低情况，采用某种刮削方法或两种方法混合使用，使刮削工作很快地进行，出色地完成任务。

四、刮削精度的检验

检验刮削精度的方法主要有下列三种。

（1）以接触点数目检验接触精度　就是用25mm×25mm的正方形方框罩在被检验的平面上，如图2-118所示，根据正方形方框内接触点数目的多少确定接触精度。

（2）用百分表检验平行度误差　测量时将工件基准平面放在标准平板上，将百分表测头放在加工表面上，如图2-119所示，触及测量表面时，应调整到使其有0.3mm左右的初始读数。沿着工件被测表面的四周及两条对角线方向进行测量，测得最大读数与最小读数之差即为平行度误差。

(3) 用标准圆柱检验垂直度误差　如图 2-120 所示。

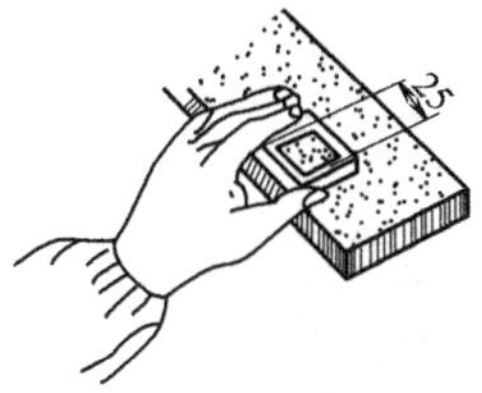

图 2-118　用方框检验接触精度

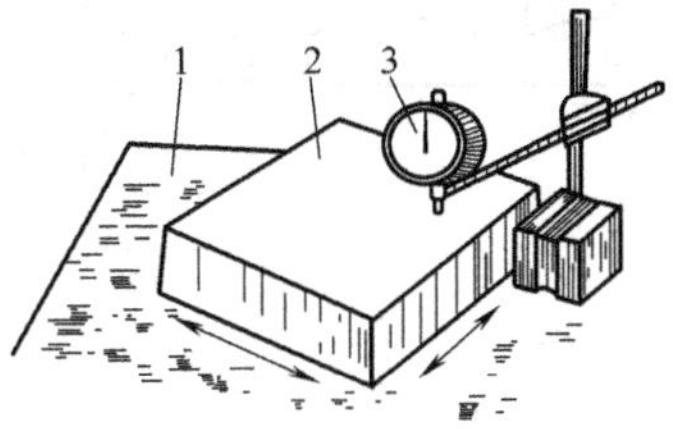

图 2-119　用百分表检验平行度误差

1—标准平板　2—工件　3—百分表

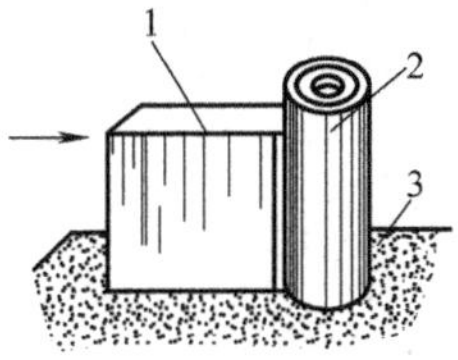

图 2-120　用标准圆柱检验垂直度误差

1—工件　2—圆柱直尺　3—标准平板

五、刮削时的注意事项

1) 刮削前，锐边、锐角必须倒钝，防止碰伤手。

2) 在显点研刮时，工件不可超出标准平板太多，以免掉下损伤工件或砸伤脚。

3) 挺刮时，因高度不够，人需站在垫脚板上工作时，必须将垫脚板放平稳后，才可上去操作，以免因垫脚板不稳，用力后使人跌倒而出事故。

4) 刮削工件边缘时，不可用力过猛，以免失控，发生事故。

5) 刮刀使用完毕后，刀头部位应用纱布包裹，妥善放置。

6) 标准平板使用完毕后，必须用纱布擦拭干净，并涂抹机油防锈。

刮削技能训练

平板刮削

一、技术要求

刮研 300mm × 400mm 原始平板，精度级别要求为 2 级，平面度公差为 ± 14μm，研点数 25mm × 25mm 内不少于 20 点。

二、准备工作

1) 备好粗、细、精平面刮刀、油石、机油和显示剂、毛刷。

2) 将三块平板的四周倒角，去除毛刺并将三块平板单独粗刮一遍，去除刀痕和锈斑。

3) 用油漆在平板醒目处分别编号 1、2、3。

三、刮研

采用三块平板互研互刮的方法，达到精度要求。

(1) 正研刮削法　正研刮削是用三块平板循环进行刮研，如图 2-121 所示，其研点方法为直向和横向。

1) 一次循环（图 2-121 中Ⅰ)。以 1 为过渡基准，1 与 2 互研互刮，使之互相贴合，再将 3 与 1 互研，单刮 3 与 1 贴合，然后 2 与 3 互研互刮至贴合。此时平面度误差有所减小。

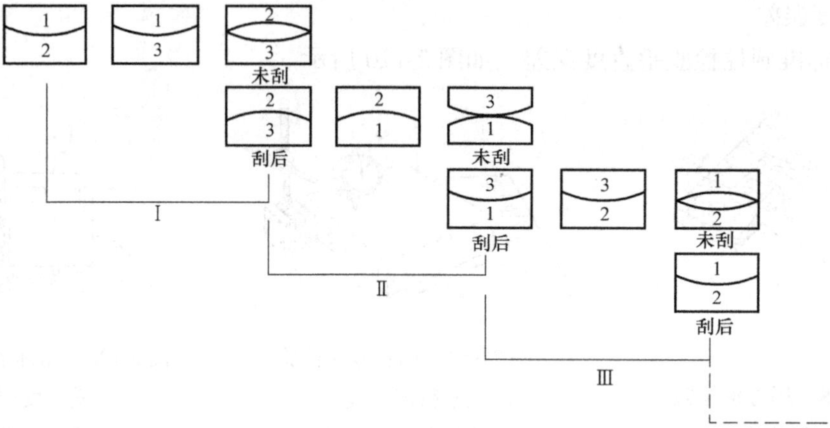

图 2-121　原始平板循环刮研法

2）二次循环。在上一次 2 与 3 互研互刮至贴合的基础上，按顺序以 2 为过渡基准，1 与 2 互研单刮 1，然后 3 与 1 互研互刮至贴合，平面度误差进一步减小。

3）三次循环。在上一次循环的基础上，以 3 为过渡基准，2 与 3 互研单刮 2，然后 1 与 2 互研互刮至完全贴合，则 1 与 2 的平面度误差进一步减小。

以后则重复，仍以 1 为过渡基准，按上述三个顺序依次循环进行刮削，平板平面的平面度误差应逐渐减小，循环次数越多，则平板越精密。

通过正研显点刮削后，显点虽然能符合要求，但有的显点不能反映平面的真实情况，容易给人以错觉。这就使三块平板在相同的位置上出现扭曲，称为同向扭曲，如图 2-122 所示，即三块平板都是 *AB* 对角高、*CD* 对角低。如果采取其中任意两块平板互研，则平板的高处（+）正好与平板的低处（–）重合，经刮削后，其显点虽然分布得较好，但扭曲依然存在，而且越刮削，扭曲现象越严重。所以，此时正研刮削的方法已不能继续提高平板的精度。

（2）对角研刮削方法　研点时，两块平板交叉成 45°角，沿对角线移动，平板的高处（+）对高处（+）、低处（–）对低处（–），如图 2-123a 所示。研后显点如图 2-123b 所示，*AB* 的研点重，中间的研点轻，*CD* 角无点，扭曲现象明显地显示出来。然后根据研点修刮，直至研点分布均匀并消除扭曲，使三块平板相互之间，无论是直研、横研、对角研，接触点完全相同，点数符合要求为止。

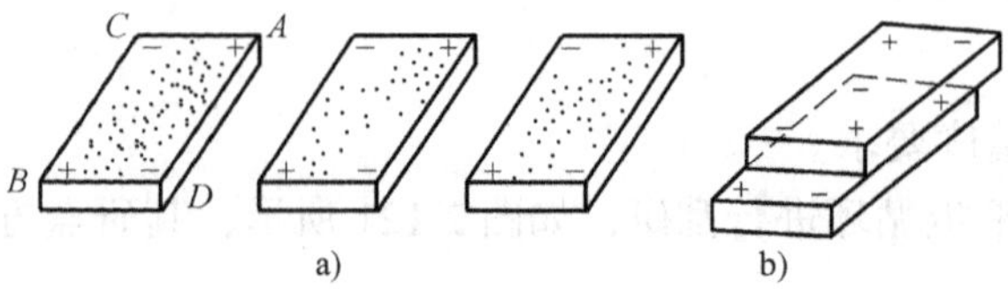

图 2-122　同向扭曲

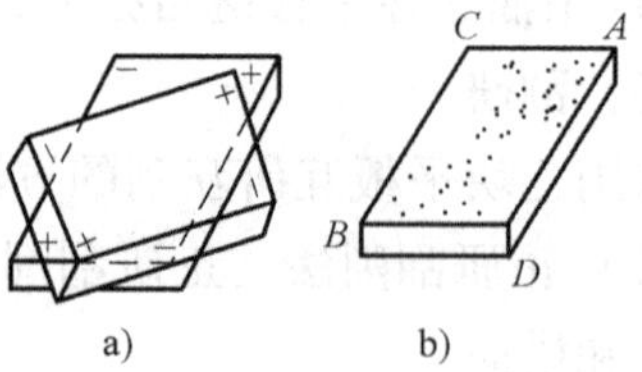

图 2-123　对角研刮削方法
a）对角研　b）显点情况

对角刮研一般限于正方形或长度尺寸相差不大的平板平面，长条形平面不宜采用，因为平板刮研显示的误差比希望得到的误差更大。

四、注意事项

1）平板对刮时，两块平板相互移动的距离不得超过平板的1/3，以防止平板滑落，发生事故。

2）每个研点刮削一次应改变刮削方向。

3）落刀、提刀应防止产生振痕。

4）每次研磨前都要把平板擦拭干净，以避免细刮、精刮时研点有划痕。

5）注意提高刮削质量，粗刮时研点数要达到2～3点/（25mm×25mm），细刮时研点数要达到12～15点/（25mm×25mm），精刮时研点数要达到20点以上/（25mm×25mm）。尤其在细刮和精刮时，刀迹要清晰。

五、刮削面的缺陷分析

刮削面的缺陷分析见表2-13。

表2-13　刮削面的缺陷分析

缺陷形式	特　　征	产　生　原　因
深凹痕	刀痕太深，局部研点稀少	1. 粗刮时用力不均匀，局部落差太重 2. 多次刀痕重叠 3. 刀痕弧形过小
撕　痕	刮削面上有粗糙的条状刮痕	1. 切削刃粗糙不锋利 2. 切削刃有齿纹或裂纹
振　痕	刮削面上有规则的波纹	多次同向刮削，刀痕没有交叉
划　痕	刮削面上有深浅不一的直线	研点时有沙粒、切屑等杂质，显示剂不清洁
刮削面精度不高	研点分布无规律	1. 推研时压力不均匀，研具伸出工件太多，而出现假点刮削 2. 研具本身不准确 3. 研具放置不平稳

思考与练习

1. 什么是刮削？刮削有哪些特点？
2. 刮削有哪些应用？
3. 什么是粗刮、细刮和精刮？刮花有什么作用？
4. 简述刮刀的种类以及应用。
5. 校准工具有哪几种？
6. 使用显示剂有哪些注意事项？
7. 用什么方法检验刮削的接触精度？
8. 刮削时有哪些注意事项？

任务八　研　磨

学习目标

1. 熟悉研磨的原理、目的以及研磨余量。
2. 能够准确地使用研磨材料和研磨剂。
3. 掌握平面研磨的方法及其要点。

一、研磨概述

通过研磨工具（简称研具）和研磨剂从工件表面磨去一层极薄的金属，使工件具有精确的尺寸、准确的几何形状和很高的表面质量，这种对工件表面进行最后一道精加工的工序称为研磨。

1. 研磨的原理

研磨时，加在研具上的磨料在受到工件和研具的压力后，部分被嵌入研具内。同时，由于研具和工件作复杂的相对运动，磨料在工件和研具之间作滑动和滚动，产生切削和挤压作用，而每一磨粒不会在表面上重复自己的运动轨迹，这样磨料就在工件表面上切去很薄的一层金属（主要是前道工序在工件表面上留下的凸峰）。手工平面研磨的方法如图 2-124 所示。研磨中使用的研磨剂有些还起化学作用，使工件被加工表面上形成一层氧化膜，这样研磨时，凸起的氧化膜首先被磨去，新的金属表面很快又被氧化，新形成的氧化膜又很容易被磨掉。如此继续下去，凸峰逐渐被磨平，而工件表面凹处的氧化膜起了保护作用，使凹处不至于被继续氧化。此化学作用将加速研磨过程。

2. 研磨的目的

（1）减小表面粗糙度值　工件的表面粗糙度是由加工方法决定的。加工过的工件表面，粗看上去很光滑，但放大起来看是很粗糙的。表 2-14 为各种加工方法所能达到的表面粗糙度值的情况。与其他加工方法相比较，经过研磨加工后的表面粗糙度值最小，一般情况为 $Ra0.1 \sim 1.6\mu m$，最小可达 $Ra0.012\mu m$。

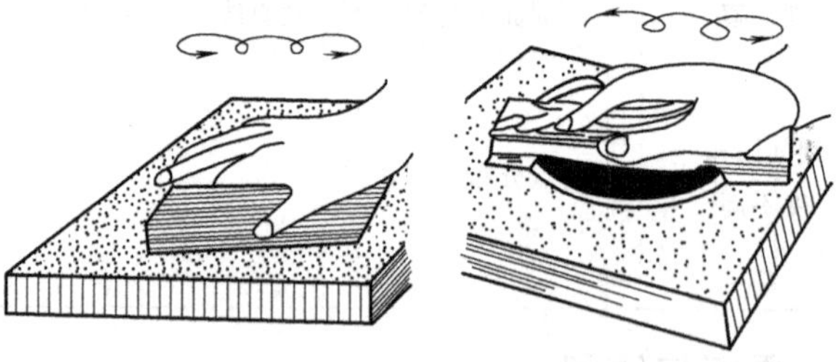

图 2-124　手工平面研磨

（2）能达到较高的尺寸精度　各种机械加工所控制的精度是有一定限度的。随着工业的发展，对零件精度的要求提高了，要达到高精度的要求，就必须经过研磨。研磨后的尺寸精度可达 0.001 ~ 0.005mm。

（3）能改进工件的几何形状　有些工件要求表面几何形状准确，但是用其他机械方法加工往往不能满足这个要求。例如，经无心磨床磨出的圆柱形工件，往往是弧多边形。当工件形状精度要求较高时，就需要用研磨的方法来找正。

研磨后的零件由于表面粗糙度值小，形状准确，所以零件的耐磨性、耐蚀性和疲劳强度相应地提高，延长了零件的使用寿命。

表 2-14　各种加工方法获得表面粗糙度的比较

加工方法	加工情况	表面放大的情况	表面粗糙度值/μm
车削	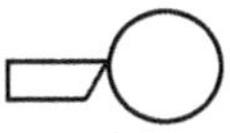		*Ra*1.5 ~ 80
磨削	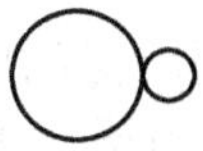	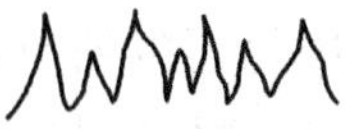	*Ra*0.9 ~ 5
压光			*Ra*0.15 ~ 2.5
珩磨			*Ra*0.15 ~ 1.5
研磨			*Ra*0.1 ~ 1.6

3. 研磨余量

研磨是工件的最后一道精加工工序，要使工件达到尺寸精度和表面粗糙度要求，研磨余量要适当，一般每研磨一遍所磨去的金属层厚度不超过 0.002mm，因此研磨余量不宜过大，通常在 0.005 ~ 0.030mm 范围内比较适宜。研磨余量的大小应根据工件尺寸大小和精度高低不同，有时研磨余量就留在工件的公差之内，具体可参考表 2-15。

表 2-15　研磨余量　（单位：mm）

<table>
<tr><td rowspan="6">研磨平面余量</td><td rowspan="2">平面长度</td><td colspan="3">平面宽度</td></tr>
<tr><td>≥25</td><td>26 ~ 75</td><td>76 ~ 150</td></tr>
<tr><td>25</td><td>0.005 ~ 0.007</td><td>0.007 ~ 0.010</td><td>0.010 ~ 0.014</td></tr>
<tr><td>26 ~ 75</td><td>0.007 ~ 0.010</td><td>0.010 ~ 0.014</td><td>0.014 ~ 0.020</td></tr>
<tr><td>76 ~ 150</td><td>0.010 ~ 0.014</td><td>0.014 ~ 0.020</td><td>0.020 ~ 0.024</td></tr>
<tr><td>151 ~ 260</td><td>0.014 ~ 0.018</td><td>0.020 ~ 0.024</td><td>0.024 ~ 0.030</td></tr>
<tr><td rowspan="5">研磨外圆余量</td><td>直径</td><td>余量</td><td>直径</td><td>余量</td></tr>
<tr><td>≤10</td><td>0.005 ~ 0.003</td><td>51 ~ 80</td><td>0.008 ~ 0.012</td></tr>
<tr><td>11 ~ 18</td><td>0.006 ~ 0.008</td><td>81 ~ 120</td><td>0.010 ~ 0.014</td></tr>
<tr><td>19 ~ 30</td><td>0.007 ~ 0.010</td><td>121 ~ 180</td><td>0.012 ~ 0.016</td></tr>
<tr><td>31 ~ 50</td><td>0.008 ~ 0.010</td><td>181 ~ 260</td><td>0.015 ~ 0.020</td></tr>
<tr><td rowspan="4">研磨内孔余量</td><td>孔径</td><td>铸铁材料</td><td colspan="2">钢材料</td></tr>
<tr><td>25 ~ 125</td><td>0.020 ~ 0.100</td><td colspan="2">0.010 ~ 0.040</td></tr>
<tr><td>150 ~ 275</td><td>0.080 ~ 0.100</td><td colspan="2">0.020 ~ 0.050</td></tr>
<tr><td>300 ~ 500</td><td>0.120 ~ 0.200</td><td colspan="2">0.040 ~ 0.060</td></tr>
</table>

二、研具材料

在研磨加工中，研具是保证研磨工件的几何形状准确的主要因素，因此对研具的材料、几何精度要求较高，而其表面粗糙度值要小。

研磨时，要使磨料嵌入研具，而不会嵌入工件内，研具的材料要比工件软，但不要太软，否则会使磨料全部嵌入研具而失去研磨作用。

常用的研磨材料有以下几种。

（1）灰铸铁　它有润滑性好、磨耗较慢、硬度适中、研磨剂在其表面容易涂抹均匀等优点，是一种研磨效果较好、价廉易得的研具材料，因此得到广泛的应用。

（2）球墨铸铁　它比一般灰铸铁更容易嵌存磨料，且更均匀、牢固、适度，同时还能延长研具的寿命。采用球墨铸铁制作研具已得到广泛应用，尤其用于精密工件的研磨。

（3）软钢　它的韧性较好，不容易折断，常用来做小型的研具，如研磨螺纹和小直径工具、工件等。

（4）铜　性质较软，表面容易被磨料嵌入，适于做研磨软钢类工件的研具。

三、研磨剂

研磨剂是由磨料和研磨液混合而成的一种混合剂。

1. 磨料

磨料在研磨中起切削作用，研磨工作的效率、工件的精度和表面粗糙度都与磨料有密切的关系。常用的磨料有以下三类：氧化物磨料、碳化物磨料和金刚石磨料。磨料的系列与用途见表2-16。

2. 研磨液

研磨液在研磨过程中起以下四个作用。

1）起调和磨料的作用，使磨料分布均匀。

表2-16　磨料的系列与用途

系列	磨料名称	代号	特性	适用范围
氧化铝系	棕刚玉	A	棕褐色，硬度高，韧性大，价格便宜	粗、精研磨钢、铸铁和黄铜
	白刚玉	WA	白色，硬度比棕刚玉高，韧性比棕刚玉差	精研磨淬火钢、高速钢、高碳钢及薄壁零件
	铬刚玉	PA	玫瑰红或紫红色，韧性比白刚玉高，磨削表面粗糙度值低	研磨量具和仪表零件等
	单晶刚玉	SA	淡黄色或白色，硬度和韧性比白刚玉高	研磨不锈钢、高钒高速钢等强度高、韧性大的材料
氧化物系	黑碳化硅	C	黑色有光泽，硬度比白刚玉高，脆而锋利，导热性和导电性良好	研磨铸铁、黄铜、铝、耐火材料及非金属材料
	绿碳化硅	GG	绿色，硬度和脆性比黑碳化硅高，具有良好的导热性和导电性	研磨硬质合金、宝石、陶瓷和玻璃等材料
	碳化硼	BC	灰黑色，硬度仅次于金刚石，耐磨性好	精研磨和抛光硬质合金、人造宝石等硬质材料

（续）

系列	磨料名称	代号	特性	适用范围
金刚石系	人造金刚石		无色透明或淡黄色、黄绿色、黑色，硬度高，比天然金刚石略脆，表面粗糙	粗、精研磨硬质合金、人造宝石、半导体等高硬度脆性材料
	天然金刚石		硬度最高，价格昂贵	
其他	氧化铁		红色至暗红色，比氧化铬软	精研磨或抛光钢和玻璃等材料
	氧化铬		深绿色	

2）起润滑作用，使研磨时推动轻松。

3）起冷却作用，降低因摩擦而提高的工件温度。

4）有的还起化学作用，加速研磨过程。

研磨液必须有一定的黏度和稀释能力，并且对个人健康无害，对工件无腐蚀作用，且易于洗净。常用的研磨液有煤油、汽油、10 号和 20 号机油、工业用甘油等。

目前工厂在研磨时，还采用自配的研磨膏（研磨膏由磨料和研磨液调和而成，但较稠），使用时，用少许机油将研磨膏稀释后再进行研磨。

3. 油石

除了用研磨剂研磨外，还可用各种形状的油石来进行研磨。例如许多刀具、模具、量规以及其他淬火的工件往往用油石进行研磨。

四、研磨要点

1. 手工研磨的运动轨迹

（1）直线往复式　图 2-125a 所示为直线往复式研磨，常用于研磨有台阶的狭长平面，如平面样板和角尺的测量面等，能获得较高的几何精度。

（2）直线摆动式　图 2-125b 所示为直线摆动式研磨，用于研磨某些圆弧面，如样板角尺、双斜面直尺的圆弧测量面。

（3）螺旋式　图 2-125c 所示为螺旋式研磨，用于研磨圆片或圆柱形工件的端面，能获得较好的表面质量和平面度。

（4）8 字形或仿 8 字形式　图 2-125d 所示为 8 字形或仿 8 字形式研磨，常用于研磨小平面工件，如量规的测量面等。

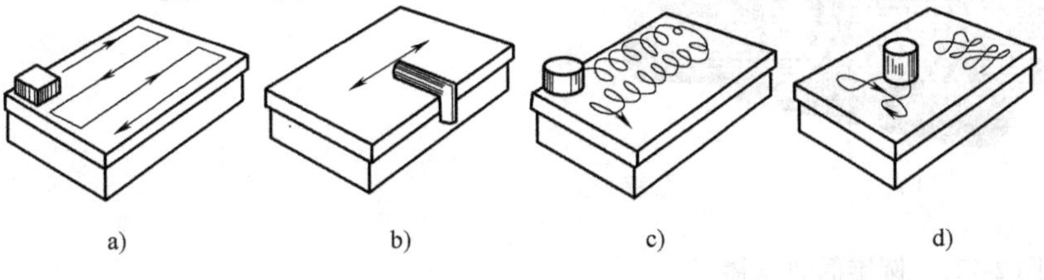

a)　　b)　　c)　　d)

图 2-125　研磨运动轨迹

a）直线往复式　b）直线摆动式　c）螺旋式　d）8 字形或仿 8 字形式

2. 圆柱面研磨

圆柱面研磨一般是手工与机器配合进行研磨。

外圆柱面的研磨如图2-126a、b所示，工件由车床带动，并均匀涂抹研磨剂，用手推动研磨环，通过工件的旋转和研磨环在工件上沿轴线方向作往复运动进行研磨。一般工件的转速：在直径小于80mm时为100r/min；直径大于100mm时为50r/min。研磨环的往复移动速度可根据工件在研磨时出现的网纹来控制。当出现45°交叉网纹时，说明研磨环的移动速度适当，如图2-126c所示。

3. 圆锥面研磨

研磨锥形表面的工件必须用如图2-127所示的带有锥度的研磨棒。研磨棒的锥度应与工件内孔或轴的锥度相同。在研磨棒上开有螺旋槽，以嵌入研磨剂。

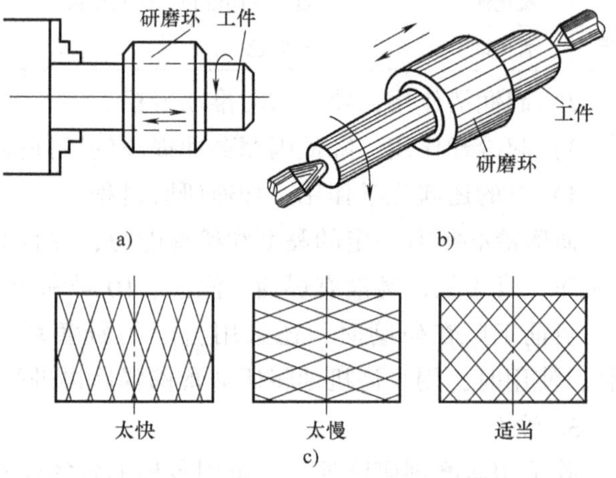

图2-126　研磨外圆柱面

研磨圆锥形表面时，在研磨棒上均匀地涂上一层研磨剂，把研磨棒插入工件孔内，用手顺着同一方向旋转（也可在车床或钻床上进行），大约旋转4～5次后，将研磨棒稍微拔出一些，然后再推入研磨，如图2-128所示。研磨过一定时间后，取下研磨棒，擦干研磨棒和被研磨的表面，然后重复研磨，一直到被加工的表面呈现银灰色或发光为止。有些工件是直接用彼此接触的表面进行研磨来达到要求的，不必用研磨棒。

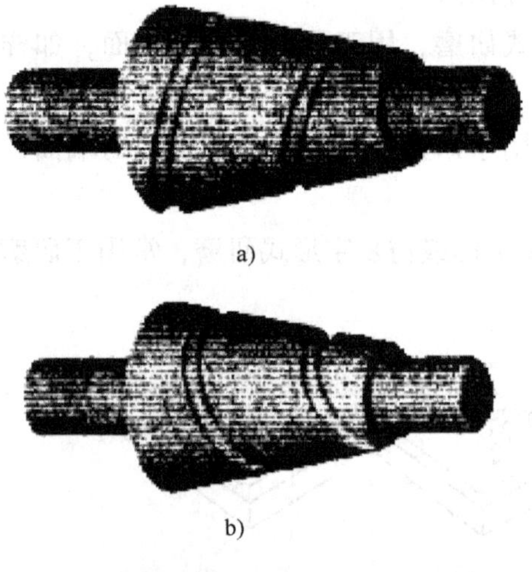

图2-127　圆锥面研磨棒

a）左向螺旋槽　b）右向螺旋槽

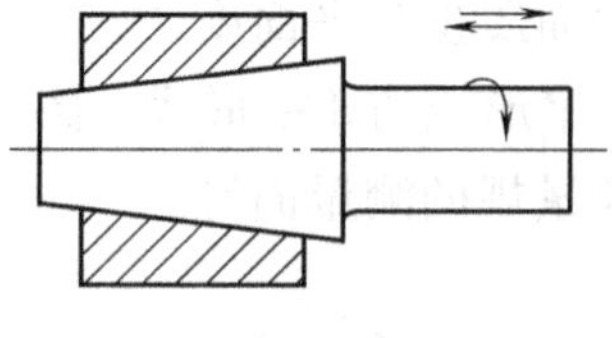
图2-128　圆锥面的研磨

4. 研磨压力和速度

1）研磨时，压力和速度对研磨效率和研磨质量有很大影响。压力太大，研磨切削量虽大，但表面质量差，且容易把磨料压碎而使表面划出深痕。一般情况粗磨时压力可大些，精磨时压力应小些。

2）研磨时的速度也不应过快，否则会引起工件发热变形，尤其是研磨薄形工件和形状规则的工件时更应注意。一般情况下，粗研磨时速度为 40 ~ 60 次/min；精研磨时速度为 20 ~ 40 次/min。

五、研磨注意事项

1）研磨工具材料的硬度不能高于被研磨工件材料的硬度。

2）研磨剂不宜涂得太厚，否则会影响研磨质量，也浪费研磨剂。

3）在研磨中必须重视清洁工作，才能研磨出高质量的工件表面。若忽视了清洁工作，轻则工件表面拉毛，重则会拉出深痕而造成废品。

4）研磨完毕后，应及时清洗研具，擦净后上油妥善保管。

研磨技能训练

研　　磨

一、研磨要求

1）采用手工研磨平行平面，掌握磨料的选择和研磨剂的配制及研磨平板、工具的正确使用和研磨操作技能。

2）制作实例及技术要求如图 2-129 所示。材料为 45 钢，热处理硬度为 28 ~ 30HRC。制件原始尺寸为 25.016mm，表面粗糙度值为 $Ra0.8\mu m$。

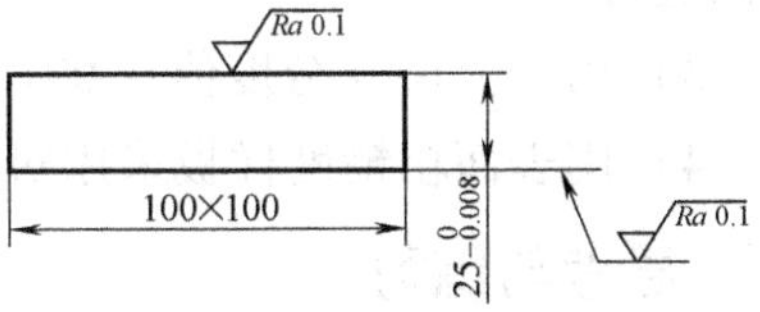

图 2-129　研磨制件

二、准备工作

（1）研磨剂　研磨剂的配制应根据制件实例中的要求进行。

1）粗研磨配制的研磨剂如下：

白刚玉（F500）：　16g；

硬脂酸：　8g；

蜂蜡：　1g；

油酸：　15g；

航空汽油：　80g；

煤油：　80g。

2）精研磨配制的研磨剂如下：

白刚玉（F1000）：　16g；

煤油：　95g；

蜂蜡：　1g；

硬脂酸：　8g；

航空汽油：　80g。

（2）研磨平板　材料为灰铸铁，粗研磨用带槽平板和精研磨用光面平板各一块。

（3）量具　百分表、刀口尺和表面粗糙度样板。

三、研磨要点

1）用煤油或汽油将研磨平板和加工平面清洗干净，并除去表面毛刺。

2）将配制的研磨剂均匀涂敷在研磨平板的平面上。

3）将制件的表面贴合在研磨平板上，沿研磨平板的表面，采用8字形或螺旋式及直线往复式方式进行研磨，并不断改变制件的方向。采用无周期性的运动，可使磨料在各种运动下产生微量的切削作用。

4）研磨好一个平面以后，用同样的研磨方法研磨另一平面。此时，应注意两平面的平面度和平行度应均在尺寸公差内。

在控制两面平行度误差时，应采用高低结合（指高处增加压力）研磨。

5）在研磨时注意研磨压力和研磨速度，粗研时压力可大些，控制在0.1～0.2MPa，研磨速度为40～60次/min；精研时压力小一些，控制在0.001～0.05MPa，研磨速度控制在20～40次/min。

四、检查质量

1）用刀口尺以透光法检查平面的平面度误差。

2）用百分表检查两平面的平行度误差，检查时把工件置于检验平台上，在全部受检范围内进行检查。

3）用千分尺（分度值0.001mm）检查25mm是否合格。

4）用表面粗糙度样板采用对比法检查两平面的表面粗糙度值是否达到 $Ra0.1\mu m$。

思考与练习

1. 简述研磨的原理。
2. 试述研磨的目的。
3. 研磨余量应如何确定？
4. 对研具材料有哪些要求？常用研具材料有哪几种？
5. 在研磨过程中研磨液起什么作用？
6. 影响研磨质量的因素有哪些？
7. 研磨时有哪些注意事项？

项目三　钳工技能综合实训 3

任务一　单斜配合副的加工

训练目标

1. 掌握角度的划线方法。
2. 掌握游标万能角度尺的使用方法。
3. 熟练掌握钝角清角的方法。
4. 掌握单斜度工件的锉配方法，使之达到配合精度要求。

一、工具、量具、刃具清单

本任务工具、量具、刃具清单见表3-1。

表3-1　工具、量具、刃具清单

名称	规格	分度值/精度	数量	名称	规格	分度值/精度	数量
高度游标卡尺	0～300mm	0.02mm	1	锯弓			1
游标卡尺	0～150mm	0.02mm	1	锯条			自定
外径千分尺	0～25mm	0.01mm	1	锤子			1
	25～50mm	0.01mm	1	狭錾子			各1
	50～75mm	0.01mm	1	毛刷			1
游标万能角度尺	0°～320°	2′	1	样冲			1
直角尺	100mm×63mm	0级	1	划针			1
刀口形直尺	100mm		1	钢直尺	150mm		1
锉刀刷			1	粗扁锉	250mm		1
塞尺	0.02～1mm	H8	1	中扁锉	200mm，150mm		各1
麻花钻	ϕ4mm，ϕ9.8mm		各1	细扁锉	150mm		1
直铰刀	ϕ10mm	H8	1	细三角锉	150mm		1
铰杠			1	软钳口			1副

二、坯料图

本任务坯料图如图3-1所示。

三、考核练习件图

本任务考核练习件如图3-2所示。

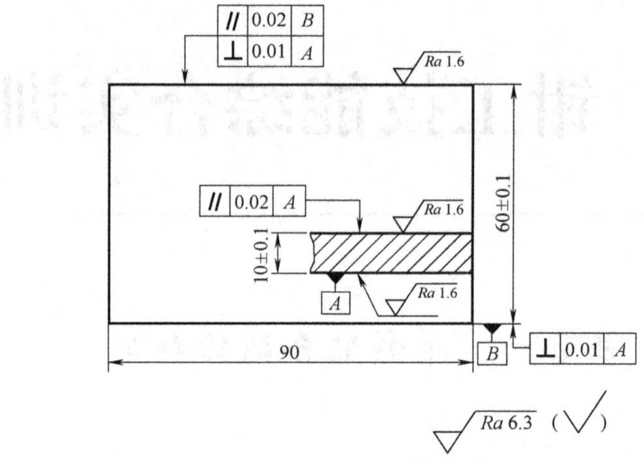

图 3-1　样板坯料

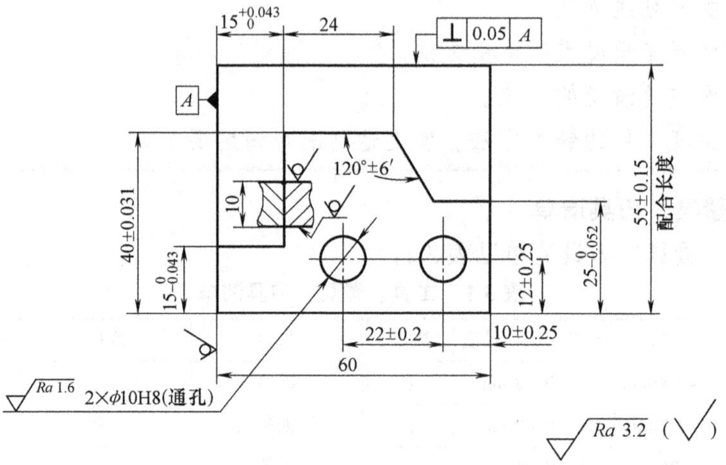

技术要求

1.以凸件(下)为基准，凹件(上)配作，配合间隙≤0.05，两侧错位量≤0.08。

2.工件去毛刺，孔口倒角C0.5。

图 3-2　单斜配合副

四、检测评分表

单斜配合副的检测评分表见表 3-2。

表 3-2　单斜配合副的检测评分表

项目	序号	考核要求	配分	评分标准	检测结果	得分
凸件	1	40 ±0. 031mm	7	超差全扣		
	2	$25\,^{0}_{-0.052}$mm	4	超差全扣		
	3	$15\,^{0}_{-0.043}$mm	4	超差全扣		
	4	$15\,^{+0.043}_{0}$mm	5	超差全扣		
	5	120° ±6′	4	超差全扣		
	6	*Ra*≤3. 2μm（6 处）	6	超差 1 处扣 1 分		
	7	ϕ10H8（两处）	4	超差 1 处扣 2 分		
	8	22 ±0. 2mm	8	超差全扣		

（续）

项目	序号	考核要求	配分	评分标准	检测结果	得分
凸件	9	10 ±0.25mm	2	超差全扣		
	10	12 ±0.25mm	2	超差1处扣1分		
	11	Ra≤1.6μm（两处）	4	超差1处扣2分		
凹件	12	⊥ | 0.05 | A	3	超差全扣		
	13	Ra≤3.2μm（6处）	6	超差1处扣1分		
配合	14	间隙≤0.05mm（5处）	25	超差1处扣5分		
	15	错位量≤0.08mm	8	超差全扣		
	16	55 ±0.15mm	8	超差全扣		
其他	17	安全文明生产	违者酌情扣1~10分			
总分						

任务二　三角形镶配的加工

训练目标

1. 进一步提高钳工划线、锯削、锉削的综合操作技能。
2. 掌握三角形镶配的操作技能。
3. 掌握圆盘类工件的划线及测量方法。
4. 掌握角度的锉削与测量方法。

一、工具、量具、刃具清单

本任务工具、量具、刃具清单见表3-3。

表3-3　工具、量具、刃具清单

名称	规格	分度值/精度	数量	名称	规格	分度值/精度	数量
高度游标卡尺	0~300mm	0.02mm	1	锯弓			1
游标卡尺	0~150mm	0.02mm	1	锯条			自定
外径千分尺	25~50mm	0.02mm	1	锤子			1
游标万能角度尺	0°~320°	0.01mm	1	狭錾子			各1
直角尺	100mm×63mm	0.01mm	1	毛刷			1
刀口形直尺	100mm	2′	1	样冲			1
塞尺	0.02~1mm	0级	1	划针			1
V形铁			1	钢直尺	150mm		1
塞规	ϕ8mm	H8	1	粗扁锉	250mm		1
粗三角锉	200mm		1	中扁锉	200mm，150mm		各1
麻花钻	ϕ3mm、ϕ7.8mm		各1	细扁锉	150mm		1
手用直铰刀	ϕ8mm	H8	1	细三角锉	150mm		1
铰杠			1	软钳口			1副

二、坯料图

本任务坯料图如图 3-3 所示。

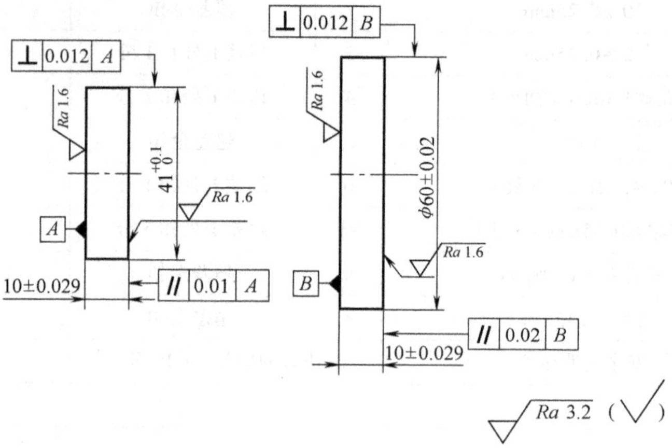

图 3-3 样板坯料

三、考核练习件图

本任务考核练习件如图 3-4 所示。

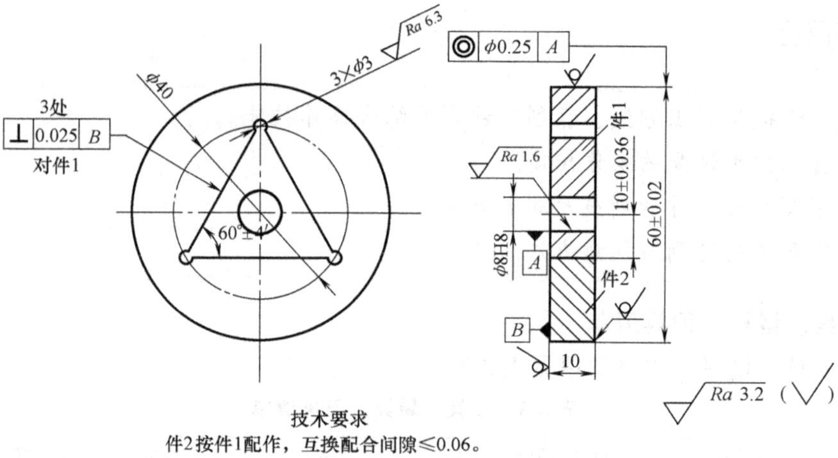

图 3-4 三角形镶配

四、检测评分表

本任务检测评分表见表 3-4。

表 3-4 检测评分表

项目	序号	考核要求	配分	评分标准	检测结果	得分
件1	1	10 ±0. 036mm（3 处）	24	超差全扣		
	2	60° ±4′（3 处）	12	超差 1 处扣 6 分		
	3	ϕ8H8	3	超差全扣		
	4	Ra≤1. 6μm	3	超差全扣		
	5	⊥ 0. 025 B	9	超差 1 处扣 4 分		
	6	Ra≤3. 2μm（3 处）	6	超差全扣		

（续）

项目	序号	考核要求	配分	评分标准	检测结果	得分
件2	7	$Ra \leqslant 3.2\mu m$（3处）	6	超差全扣		
配合	8	间隙≤0.06mm（9处）	27	超差全扣		
	9	◎ ϕ0.25 A	10	超差1处扣1分		
其他	10	安全文明生产	违者酌情扣1~10分			
总分						

任务三　直角斜边配合副的加工

训练目标

1. 提高排孔技能，全面掌握锉削基本功。
2. 熟练掌握清角锉削的方法。
3. 掌握修配方法，以提高配合精度。
4. 能分析和处理在锉配中出现的问题，保证锉配精度。
5. 学会钻、扩、铰孔的方法，并能进行正确操作。

一、工具、量具、刃具清单

本任务的工具、量具、刃具清单见表3-5。

表3-5　工具、量具、刃具清单

名称	规格	分度值/精度	数量	名称	规格	分度值/精度	数量
高度游标卡尺	0~300mm	0.02mm	1	锯弓			1
游标卡尺	0~150mm	0.02mm	1	锯条			自定
外径千分尺	0~25mm	0.01mm	1	锤子			1
	25~50mm	0.01mm	1	狭錾子			各1
	50~75mm	0.01mm	1	毛刷			1
游标万能角度尺	0°~320°	2′	1	样冲			1
直角尺	100mm×63mm	0级	1	划针			1
刀口形直尺	100mm		1	钢直尺	150mm		1
锉刀刷			1	粗扁锉	250mm		1
粗三角锉	150mm		1	中扁锉	200mm，150mm		各1
塞尺	0.02~1mm	H8	1	细扁锉	150mm		1
麻花钻	ϕ4mm，ϕ7.8mm、ϕ12mm		各1	细三角锉	150mm		1
				软钳口			1副
直铰刀	ϕ18mm	H8	1	塞规	ϕ8mm	H8	1
铰杠			1				

二、坯料图

本任务坯料图如图 3-5 所示。

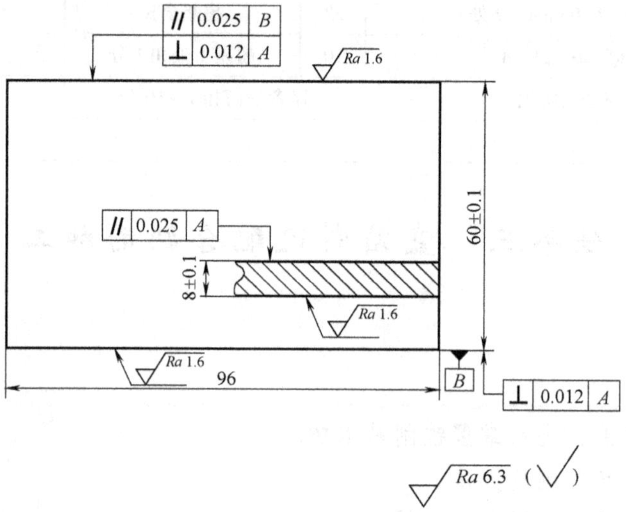

图 3-5 样板坯料

三、考核练习件图

本任务考核练习件如图 3-6 所示。

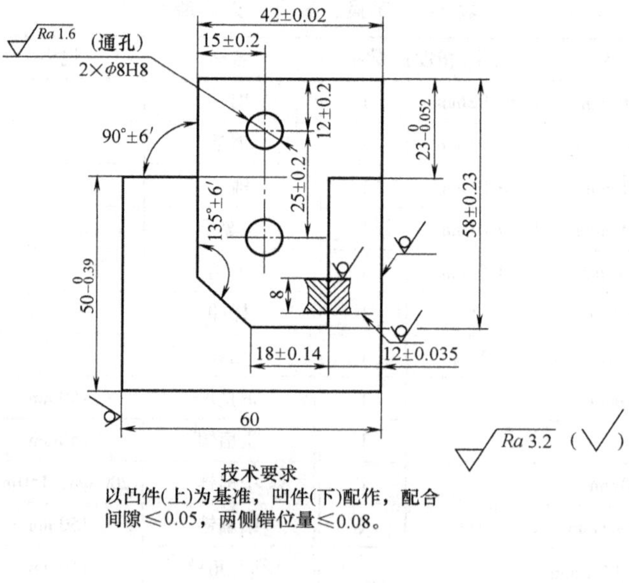

图 3-6 直角斜边配合副

四、检测评分表

本任务的检测评分表见表3-6。

表3-6　检测评分表

项目	序号	考核要求	配分	评分标准	检测结果	得分
凸件	1	42 ±0.02mm	6	超差全扣		
	2	$23_{-0.052}^{0}$mm	6	超差全扣		
	3	58 ±0.023mm	6	超差全扣		
	4	12 ±0.035mm	6	超差全扣		
	5	18 ±0.14mm	3	超差全扣		
	6	135° ±6′	5	超差全扣		
	7	Ra≤3.2μm（7处）	7	超差1处扣1分		
	8	ϕ8H8（两处）	4	超差1处扣2分		
	9	25 ±0.2mm	4	超差全扣		
	10	15 ±0.2mm（两处）	4	超差1处扣2分		
	11	12 ±0.2mm	2	超差全扣		
	12	Ra≤1.6μm（两处）	4	超差1处扣2分		
凹件	13	$50_{-0.039}^{0}$mm	6	超差全扣		
	14	Ra≤3.2μm（6处）	6	超差1处扣1分		
配合	15	间隙≤0.05mm（5处）	20	超差1处扣4分		
	16	错位量	5	超差全扣		
	17	90° ±6′	6	超差全扣		
其他	18	安全文明生产	违者酌情扣1～10分			
总分						

任务四　单燕尾凸形镶配的加工

训练目标

1. 掌握燕尾尺寸的相关计算及间接测量方法。
2. 掌握用测量棒检验燕尾尺寸的方法。
3. 掌握半封闭较高精度工件的锉配方法和技能。
4. 掌握凹凸件的修配方法。

一、工具、量具、刃具清单

本任务的工具、量具、刃具清单见表3-7。

表 3-7　工具、量具、刃具清单

名称	规格	分度值/精度	数量	名称	规格	分度值/精度	数量
高度游标卡尺	0～300mm	0.02mm	1	锯弓			1
游标卡尺	0～150mm	0.02mm	1	锯条			自定
塞规	ϕ8mm	H7	1	锤子			1
外径千分尺	0～25mm	0.01mm	1	狭錾子			各1
	25～50mm	0.01mm	1	毛刷			1
游标万能角度尺	0°～320°	2′	1	粗方锉	200mm		1
直角尺	100mm×63mm	0级	1	样冲			1
刀口形直尺	100mm		1	划针			1
锉刀刷			1	钢直尺	150mm		1
塞尺	0.02～1mm		1	粗扁锉	250mm		1
整形锉			1副	中扁锉	200mm，150mm		各1
测量棒	ϕ10mm×15mm	H8	2	细扁锉	150mm		1
麻花钻	ϕ3mm、ϕ5mm、ϕ7.8mm、ϕ12mm		各1	细三角锉	150mm		1
				软钳口			1副
直铰刀	ϕ8mm	H7	1	粗三角锉	150mm		1
铰杠			1	细方锉	200mm		1

二、坯料图

本任务坯料图如图 3-7 所示。

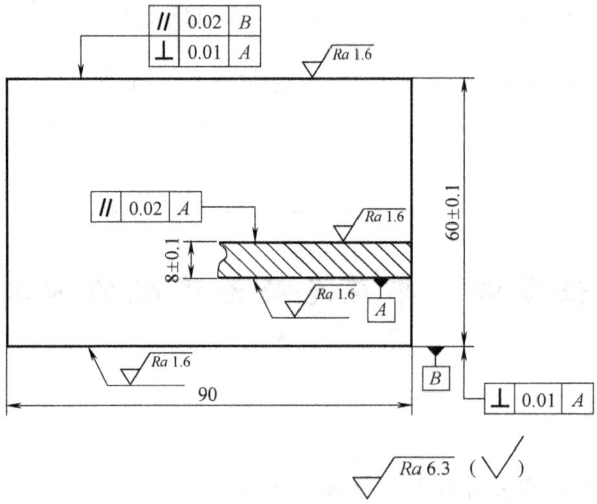

图 3-7　样板坯料

三、考核练习件图

本任务考核练习件如图 3-8 所示。

四、检测评分表

本任务的检测评分表见表 3-8。

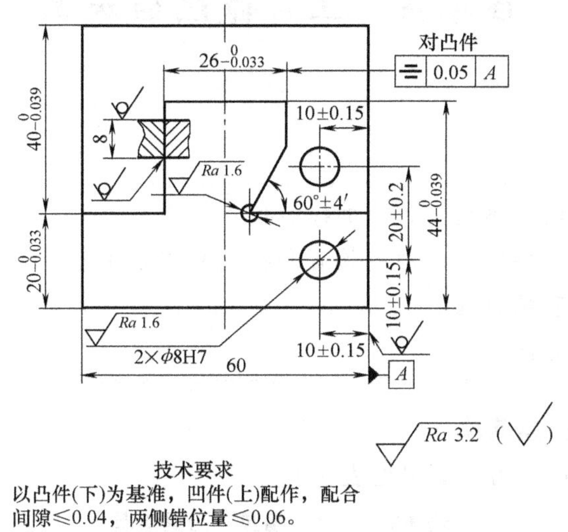

图 3-8　单燕尾凸形镶配

表 3-8　检测评分表

项目	序号	考核要求	配分	评分标准	检测结果	得分
凸件	1	$26\ _{-0.033}^{0}$ mm	8	超差全扣		
	2	$20\ _{-0.033}^{0}$ mm（两处）	8	超差 1 处扣 4 分		
	3	$44\ _{-0.039}^{0}$ mm	5	超差全扣		
	4	18 ±0. 055mm	6	超差全扣		
	5	60° ±4′	4	超差全扣		
	6	⌯ 0. 05 A	5	超差全扣		
	7	Ra≤3. 2μm（7 处）	3. 5	超差 1 处扣 0. 5 分		
	8	ϕ8H7	2	超差全扣		
	9	10 ±0. 15mm（两处）	4	超差 1 处扣 2 分		
	10	Ra≤1. 6μm	2	超差全扣		
凹件	11	$40\ _{-0.033}^{0}$ mm	5	超差全扣		
	12	Ra≤3. 2μm（7 处）	3. 5	超差 1 处扣 0. 5 分		
	13	ϕ8H7	2	超差全扣		
	14	10 ±0. 15mm	2	超差全扣		
	15	Ra≤1. 6μm	2	超差全扣		
配合	16	间隙≤0. 4mm（7 处）	24	超差 1 处扣 4 分		
	17	错位量≤0. 6mm	6	超差全扣		
	18	20 ±0. 2mm	8	超差全扣		
其他	19	安全文明生产	违者酌情扣 1 ~ 10 分			
总分						

任务五　三件镶配的加工

训练目标

1. 进一步提高划线、锯削、锉削的综合操作技能。
2. 掌握封闭式配合件配合间隙的检查和控制修整方法与技能。
3. 进一步巩固铰孔的方法。
4. 会测量孔的中心距尺寸。

一、工具、量具、刃具清单

本任务的工具、量具、刃具清单见表3-9。

表3-9　工具、量具、刃具清单

名称	规格	分度值/精度	数量	名称	规格	分度值/精度	数量
高度游标卡尺	0～300mm	0.02mm	1	锯弓			1
游标卡尺	0～150mm	0.02mm	1	锯条			自定
塞规	ϕ8mm	H7	1	锤子			1
外径千分尺	0～25mm	0.01mm	1	狭錾子			各1
	25～50mm	0.01mm	1	毛刷			1
游标万能角度尺	0°～320°	2′	1	样冲			1
直角尺	100mm×63mm	0级	1	划针			1
刀口形直尺	100mm		1	钢直尺	150mm		1
锉刀刷			1	粗扁锉	250mm		1
测量棒	ϕ10mm×15mm	H8	2	中扁锉	200mm，150mm		各1
麻花钻	ϕ4mm、ϕ6mm		各1	细扁锉	150mm		1
	ϕ7.8mm、ϕ12mm			细三角锉	150mm		1
直铰刀	ϕ8mm	H7	1	软钳口			1副
铰杠			1	塞尺	0.02～1mm		1

二、坯料图

本任务坯料图如图3-9所示。

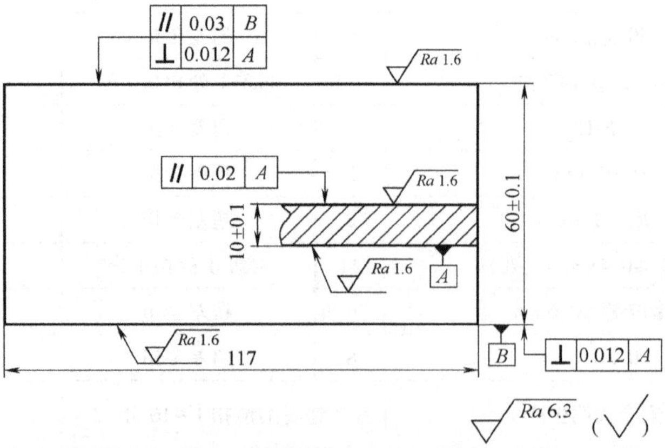

图3-9　样板坯料

三、考核练习件图

本任务考核练习件如图3-10所示。

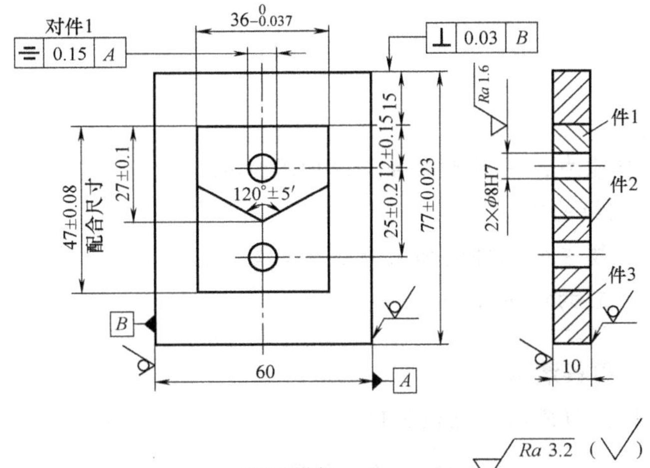

技术要求

1.件2按件1配作，件3按件1、件2配作。

2.按图示配合以及将件1翻转180°后和件2配合，然后一起旋转180°再与件3配合，互换配合间隙≤0.04。

3.件1、件2孔距和配合长度按互换检测两次。

图3-10　三件镶配

四、检测评分表

本任务的检测评分表见表3-10。

表3-10　检测评分表

项目	序号	考核要求	配分	评分标准	检测结果	得分
件1	1	$36_{-0.037}^{0}$mm	5	超差全扣		
	2	27±0.1mm	4	超差1处扣4分		
	3	120°±5′	4	超差全扣		
	4	*Ra*≤3.2μm（5处）	2.5	超差全扣		
	5	ϕ8H7	2	超差全扣		
	6	12±0.15mm	4	超差全扣		
	7	⌯ 0.15 *A*	5	超差1处扣0.5分		
	8	*Ra*≤1.6μm	2	超差全扣		
件2	9	$36_{-0.037}^{0}$mm	5	超差1处扣2分		
	10	*Ra*≤3.2μm（5处）	2.5	超差全扣		
	11	ϕ8H7	2	超差全扣		
	12	*Ra*≤1.6μm	2	超差1处扣0.5分		
件3	13	77±0.023mm	4	超差全扣		
	14	⊥ 0.03 *B*	3	超差全扣		
	15	*Ra*≤1.6μm	3	超差全扣		
配合	16	25±0.2mm（7处）	10	超差1处扣5分		
	17	47±0.08mm（7处）	8	超差1处扣4分		
	18	间隙≤0.04mm（16处）	32	超差1处扣2分		
其他	19	安全文明生产	违者酌情扣1~10分			
总分						

任务六　燕尾对配的加工

训练目标

1. 提高分析图样能力，并能确定合理的加工步骤。
2. 掌握V形铁划线的方法。
3. 掌握具有对称要求的工件的加工方法和测量方法。
4. 掌握杠杆百分表的测量方法。

一、工具、量具、刃具清单

本任务工具、量具、刃具清单见表3-11。

表3-11　工具、量具、刃具清单

名称	规格	分度值/精度	数量	名称	规格	分度值/精度	数量
高度游标卡尺	0～300mm	0.02mm	1	锯条			自定
游标卡尺	0～150mm	0.02mm	1	锤子			1
外径千分尺	0～25mm	0.01mm	1	狭錾子			各1
	25～50mm	0.01mm	1	毛刷			1
	50～75mm	0.01mm	1	塞规	ϕ8mm	H7	1
游标万能角度尺	0°～320°	2′	1	V形铁			1
直角尺	100mm×63mm	0级	1	样冲			1
刀口形直尺	100mm		1	划针			1
锉刀刷			1	钢直尺	150mm		1
磁性表座			1	粗扁锉	250mm		1
深度千分尺	0～25mm	0.01mm	1	中扁锉	200mm，150mm		各1
杠杆百分表	0～0.8mm	H7	1	细扁锉	150mm		1
麻花钻	ϕ3mm、ϕ5mm、ϕ7.8mm		各1	细三角锉	150mm		1
				软钳口			1副
直铰刀	ϕ8mm	H7	1	塞尺	0.02～1mm		1
铰杠			1	细三角锉			1
锯弓			1	测量棒	ϕ10mm×15mm		2

二、坯料图

本任务的坯料图如图3-11所示。

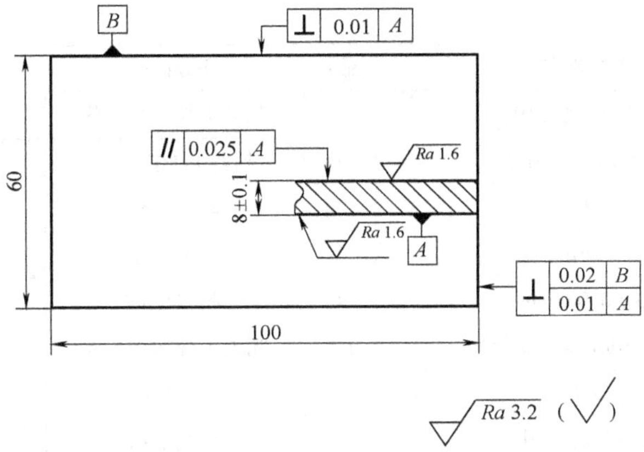

图 3-11　样板坯料

三、考核练习件图

本任务的考核练习件如图 3-12 所示。

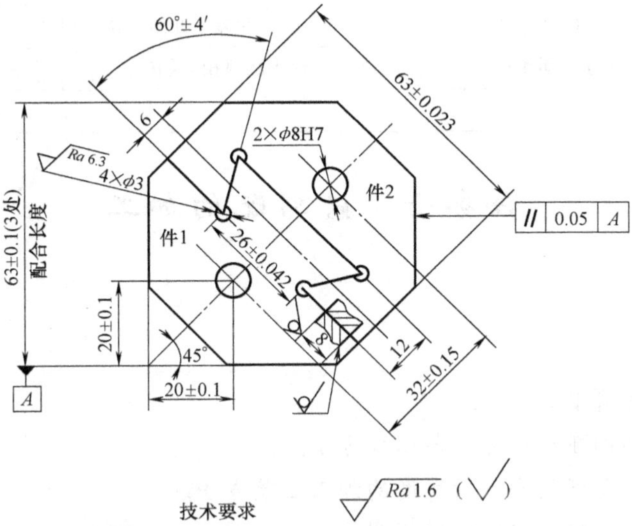

技术要求

1.以件1为基准，件2配作。

2.按图示，两件配合及相对翻转180°，间隙≤0.04，外形错位量≤0.04。所有配合尺寸和几何公差均按两件配合检测两次。

图 3-12　燕尾对配

四、检测评分表

本任务的检测评分表见表 3-12。

表 3-12　检测评分表

项目	序号	考核要求	配分	评分标准	检测结果	得分
件1	1	63 ±0. 023mm	4	超差全扣		
	2	26 ±0. 042mm	7. 5	超差全扣		
	3	$12^{+0.043}_{0}$ mm（两处）	8	超差 1 处扣 4 分		
	4	60° ±4′（两处）	8	超差 1 处扣 4 分		

（续）

项目	序号	考核要求	配分	评分标准	检测结果	得分
件1	5	$Ra\leq1.6\mu m$ 面（10处）	5	超差1处扣0.5分		
	6	20±0.1mm（两处）	4	超差1处扣2分		
	7	ϕ8H7	2	超差全扣		
	8	$Ra\leq1.6\mu m$ 孔	2	超差全扣		
件2	9	63±0.023mm	4	超差全扣		
	10	$Ra\leq1.6\mu m$ 面（9处）	4.5	超差1处扣0.5分		
	11	ϕ8H7	2	超差全扣		
	12	$Ra\leq1.6\mu m$ 孔	2	超差全扣		
配合	13	间隙≤0.04mm（10处）	15	超差1处扣1.5分		
	14	错位量≤0.04mm（4处）	8	超差1处扣2分		
	15	63±0.1mm（6处）	12	超差1处扣3分		
	16	32±0.15mm（两处）	6	超差1处扣3分		
	17	⊥ 0.05 A	6	超差1处扣3分		
其他	18	安全文明生产	违者酌情扣1～10分			
总分						

任务七　R对配的加工

训练目标

1. 熟练使用V形铁。
2. 掌握凹、凸圆弧锉削方法与测量方法。
3. 掌握圆弧与角度结合件对称度的加工工艺方法。
4. 熟练使用半径样板对圆弧进行测量。
5. 掌握圆弧的锉配技能。

一、工具、量具、刃具清单

本任务的工具、量具、刃具清单见表3-13。

表3-13　工具、量具、刃具清单

名称	规格	分度值/精度	数量	名称	规格	分度值/精度	数量
高度游标卡尺	0～300mm	0.02mm	1	直角尺	100mm×63mm	0级	1
游标卡尺	0～150mm	0.02mm	1	刀口形直尺	100mm		1
外径千分尺	0～25mm	0.01mm	1	锉刀刷			1
	25～50mm	0.01mm	1	磁性表座			1
	50～75mm	0.01mm	1	深度千分尺	0～25mm	0.01mm	1
游标万能角度尺	0°～320°	2′	1	半径样板	R7.5～R15mm		1

（续）

名称	规格	分度值/精度	数量	名称	规格	分度值/精度	数量
杠杆百分表	0～0.8mm	0.01mm	1	样冲			1
麻花钻	φ3mm、φ5mm φ7.8mm		各1	划针			1
				钢直尺	150mm		1
直铰刀	φ8mm	H7	1	粗扁锉	250mm		1
铰杠			1	中扁锉	200mm，150mm		各1
锯弓			1	细扁锉	150mm		1
锯条			自定	细三角锉	150mm		1
锤子			1	软钳口			1副
狭錾子			1	塞尺	0.02～1mm		1
毛刷			1	细三角锉			1
塞规	φ8mm	H7	1	测量棒	φ10mm×15mm		1
V形铁			1				

二、坯料图

本任务坯料图如图3-13所示。

三、考核练习件图

本任务考核练习件如图3-14所示。

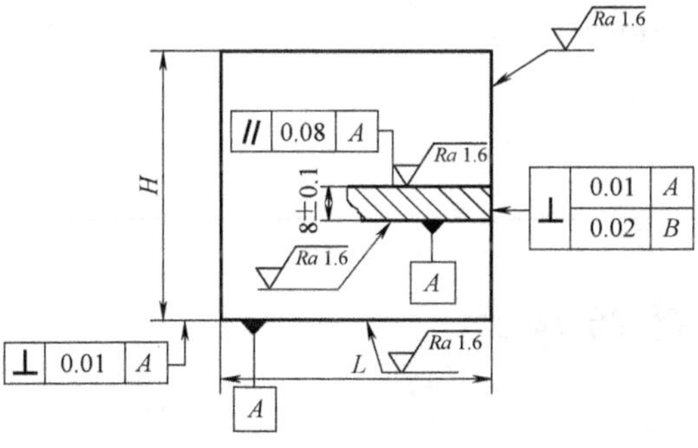

序号	L	H	数量
1	60.5±0.15	60.5±0.15	1
2	45.5±0.12	45.5±0.12	1

Ra 3.2 (√)

图3-13　样板坯料

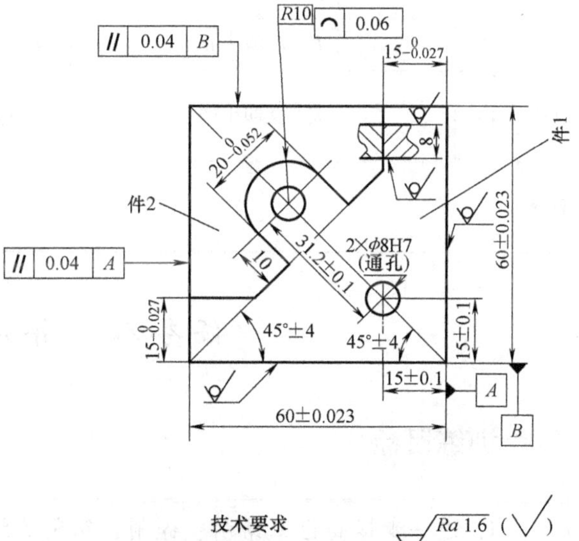

技术要求

以件1为基准，件2配作。互换配合间隙均≤0.04，两侧错位量≤0.05。

Ra 1.6 (√)

图3-14　R对配

四、检测评分表

本任务的检测评分表见表3-14。

表 3-14　检测评分表

项目	序号	考核要求	配分	评分标准	检测结果	得分
件1	1	60 ±0.023mm（两处）	10	超差 1 处扣 5 分		
	2	$15_{-0.027}^{\ 0}$ mm（两处）	10	超差 1 处扣 5 分		
	3	$20_{-0.052}^{\ 0}$ mm	5	超差全扣		
	4	⌒ 0.06	7.5	超差全扣		
	5	45° ±4′（两处）	6	超差 1 处扣 3 分		
	6	Ra≤1.6μm 面（9 处）	4.5	超差 1 处扣 0.5 分		
	7	15 ±0.1mm（两处）	4	超差 1 处扣 2 分		
	8	31.2 ±0.1mm	4	超差全扣		
	9	ϕ8H7（两处）	2	超差 1 处扣 1 分		
	10	Ra≤1.6μm 孔（两处）	2	超差 1 处扣 1 分		
件2	11	Ra≤1.6μm 面（8 处）	4	超差 1 处扣 0.5 分		
配合	12	间隙≤0.04mm（14 处）	21	超差 1 处扣 1.5 分		
	13	错位量≤0.05mm（4 处）	12	超差 1 处扣 3 分		
	14	// 0.04 A	4	超差 1 处扣 2 分		
	15	// 0.04 B	4	超差 1 处扣 2 分		
其他	16	安全文明生产	违者酌情扣 1～10 分			
总分						

任务八　异形件的加工

训练目标

1. 进一步提高钳工锯削、锉削、钻削的综合操作技能。
2. 提高检测和加工之间处理相互关系的能力，提高测量技巧。
3. 按图样要求控制好工件的技术要求，以保证配合精度。
4. 通过综合训练，进一步提高分析问题和解决问题的能力。

一、工具、量具、刃具清单

本任务的工具、量具、刃具清单见表 3-15。

表 3-15 工具、量具、刃具清单

名称	规格	分度值/精度	数量	名称	规格	分度值/精度	数量
高度游标卡尺	0～300mm	0.02mm	1	锤子			1
游标卡尺	0～150mm	0.02mm	1	狭錾子			1
外径千分尺	0～25mm	0.01mm	1	毛刷			1
	25～50mm	0.01mm	1	塞规	ϕ8mm	H7	1
	50～75mm	0.01mm	1	V 形铁			1
游标万能角度尺	0°～320°	2′	1	正弦规			1
直角尺	100mm×63mm	0 级	1	样冲			1
刀口形直尺	100mm		1	划针			1
锉刀刷			1	钢直尺	150mm		1
深度千分尺	0～25mm	0.01mm	1	粗扁锉	250mm		1
	25～50mm	0.01mm	1	中扁锉	200mm，150mm		各 1
磁性表座			1	细扁锉	150mm		1
杠杆百分表	0～0.8mm	0.01mm	1	细三角锉	150mm		1
麻花钻	ϕ3mm、ϕ5mm、ϕ7.8mm		各 1	软钳口			1 副
				塞尺	0.02～1mm		1
直铰刀	ϕ8mm	H7	1	粗三角锉	150mm		1
铰杠			1	测量棒	ϕ10mm×15mm		1
锯弓			1	量块	自选		1 盒
锯条			自定				

二、坯料图

本任务坯料图如图 3-15 所示。

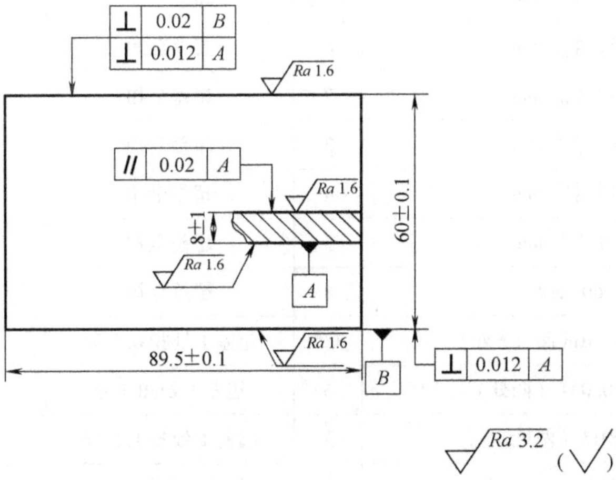

图 3-15 样板坯料

三、考核练习件图

本任务考核练习件如图 3-16 所示。

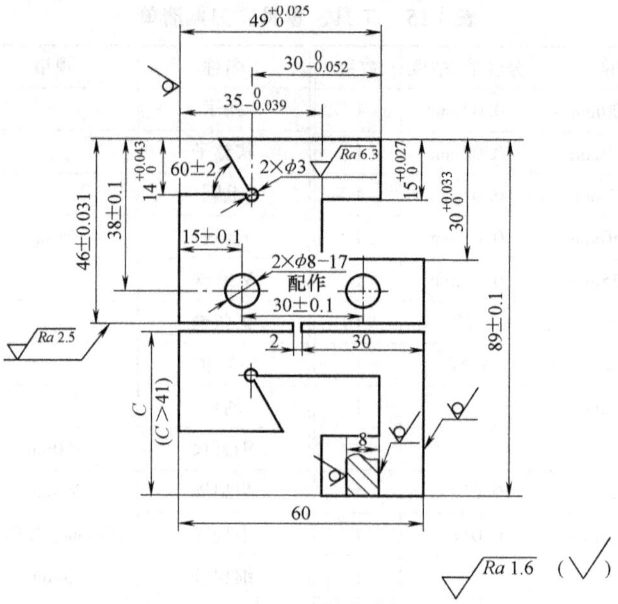

技术要求

1. 以凸件(上)为基准，凹件(下)配作，配合间隙≤0.08。
2. 两侧错位量≤0.08(检测时将此件沿锯缝断开)。

图 3-16　异形件

四、检测评分表

本任务的检测评分表见表 3-16。

表 3-16　检测评分表

项目	序号	考核要求	配分	评分标准	检测结果	得分
凸件	1	$49^{+0.025}_{0}$ mm	7	超差全扣		
	2	$35^{0}_{-0.039}$ mm	6	超差全扣		
	3	$30^{0}_{-0.052}$ mm	7	超差全扣		
	4	$14^{+0.043}_{0}$ mm	3	超差全扣		
	5	$15^{+0.027}_{0}$ mm	4	超差全扣		
	6	$30^{+0.033}_{0}$ mm	5	超差全扣		
	7	60° ±2′	4	超差全扣		
	8	Ra≤1.6μm 面（7 处）	3.5	超差 1 处扣 0.5 分		
	9	46 ±0.031（两处）	6	超差 1 处扣 3 分		
	10	ϕ8H7（两处）	3	超差 1 处扣 1.5 分		
	11	38 ±0.1mm（两处）	2	超差 1 处扣 1 分		
	12	15 ±0.1mm	2	超差全扣		
	13	30 ±0.1mm	6	超差全扣		
	14	Ra≤1.6μm 孔（两处）	3	超差 1 处扣 1.5 分		

（续）

项目	序号	考核要求	配分	评分标准	检测结果	得分
凹件	15	$C \geqslant 41$	3	超差全扣		
	16	$Ra \leqslant 1.6\mu m$ 面（7 处）	3.5	超差 1 处扣 0.5 分		
配合	17	间隙≤0.08mm（7 处）	28	超差 1 处扣 4 分		
	18	错位量≤0.08mm	4	超差全扣		
其他	19	安全文明生产	违者酌情扣 1～10 分			
总分						

项目四　钳工技能趣味实训　4

生活中处处可以用到钳工技能，掌握钳工技能其实非常有趣，也很实用。我们可以灵活运用钳工基本技能制作下面的四个实训任务，同时根据自己的兴趣、爱好设计制作更多有创意又实用的作品。

一、本项目实训总目标与要求

1）能识读零件图，看懂技术要求。

2）能借助相关手册，查阅并合理选用工具。

3）能按操作规范要求正确使用工具和辅具。

4）能安全规范使用钻床并能正确保养钻床。

5）能规范使用游标卡尺、刀口角尺、粗糙度样板等量具。

6）能编制加工工艺，按技术要求完成工件的加工。

7）能根据现场6S管理要求清理场地，归置物品并按环保要求处理废弃物。

二、各任务的一般制作流程

1）阅读零件图，明确制作材料、视图表达及技术要求。

2）编制加工工艺，明确加工步骤。

3）根据工艺，明确需要用到的工具和辅具。

4）根据图样要求，明确需要用到的量具。

5）按图样制作工件并进行检验。

6）清理现场，归置物品。

三、项目实训评价

1）学生展示自己的作品。

2）倾听同学对自己作品的点评。

3）听取同学和老师的建议并加以改进。

4）教师对学生劳动纪律、参与过程、制作效果及6S规范进行综合打分。

任务一　制作五角星

制作图4-1所示五角星，要求如下：

1）掌握钳工划线的方法，能够对五角体进行正确的划线。

2）掌握一般手工制作的基本技能，能确定各型面的加工步骤、使用工具及基准、测量方法。

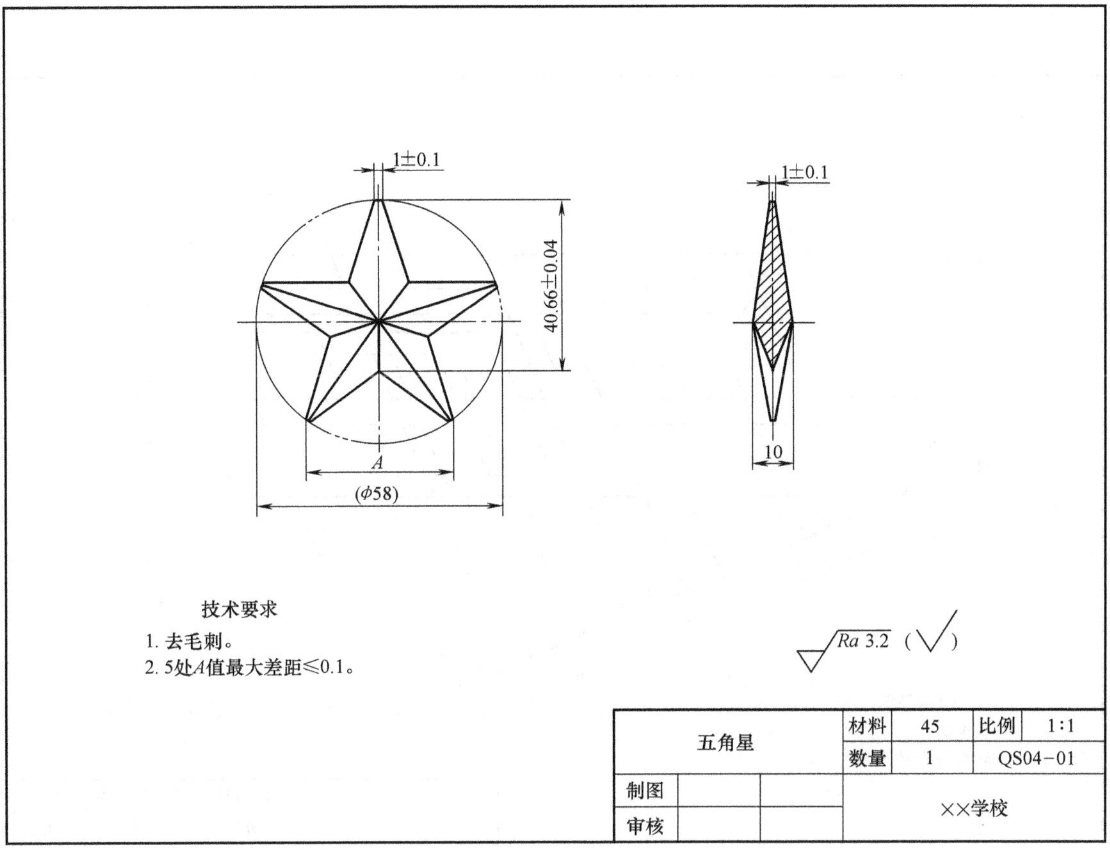

图 4-1 五角星

3）提高推锉技能，达到纹理齐整、表面光洁。

4）操作过程中注意安全文明生产。

任务二 制作商标

制作图 4-2 所示商标，要求如下：

1）巩固划线、锉削、锯削以及精度测量等基本技能，能达到图样各项技术要求。

2）能正确并熟练地修整、刃磨所使用的工具，如划针、样冲、划规和钻头等。

3）提高排孔技能，全面掌握锉削基本功。

4）操作过程中注意安全文明生产。

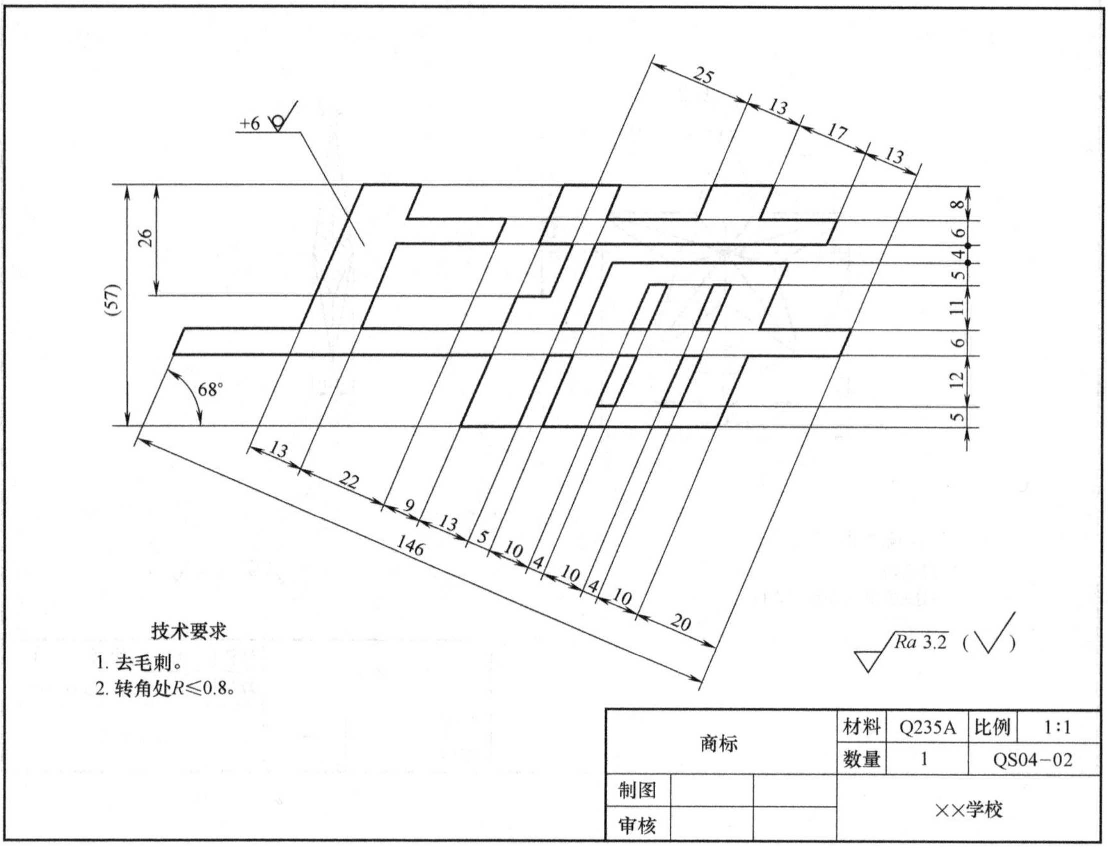

图 4-2　商标

任务三　制作錾口锤子

制作图 4-3 所示錾口锤子，要求如下：

1）掌握锉腰孔及连接内、外圆弧面的方法，达到连接光滑、位置及尺寸正确的要求。

2）提高推锉技能，达到纹理齐整、表面光洁。

3）通过复合作业，掌握对工件各型面的加工步骤、使用工具及有关基准、测量方法的确定方法。

4）操作过程中注意安全文明生产。

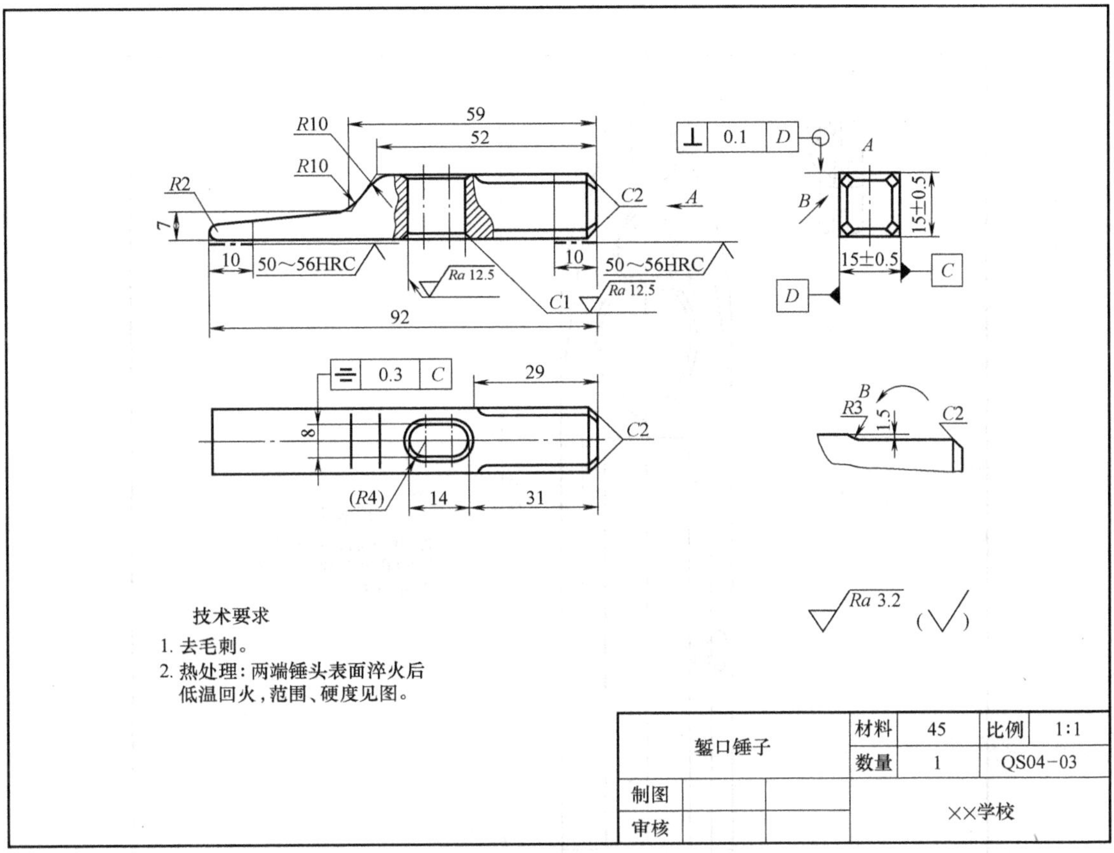

图 4-3　錾口锤子

任务四　制作核桃夹

制作图 4-4 和图 4-5 所示的核桃夹，要求如下：

1）看懂零件图，按图样要求完成核桃夹的加工。

2）巩固和提高有关基本操作的技能技巧。

3）熟练掌握钻头刃磨技术，能在装配中正确钻孔、锪孔和攻螺纹等，并达到图样要求。

4）掌握手工铆接的方法。

5）操作过程中注意安全文明生产。

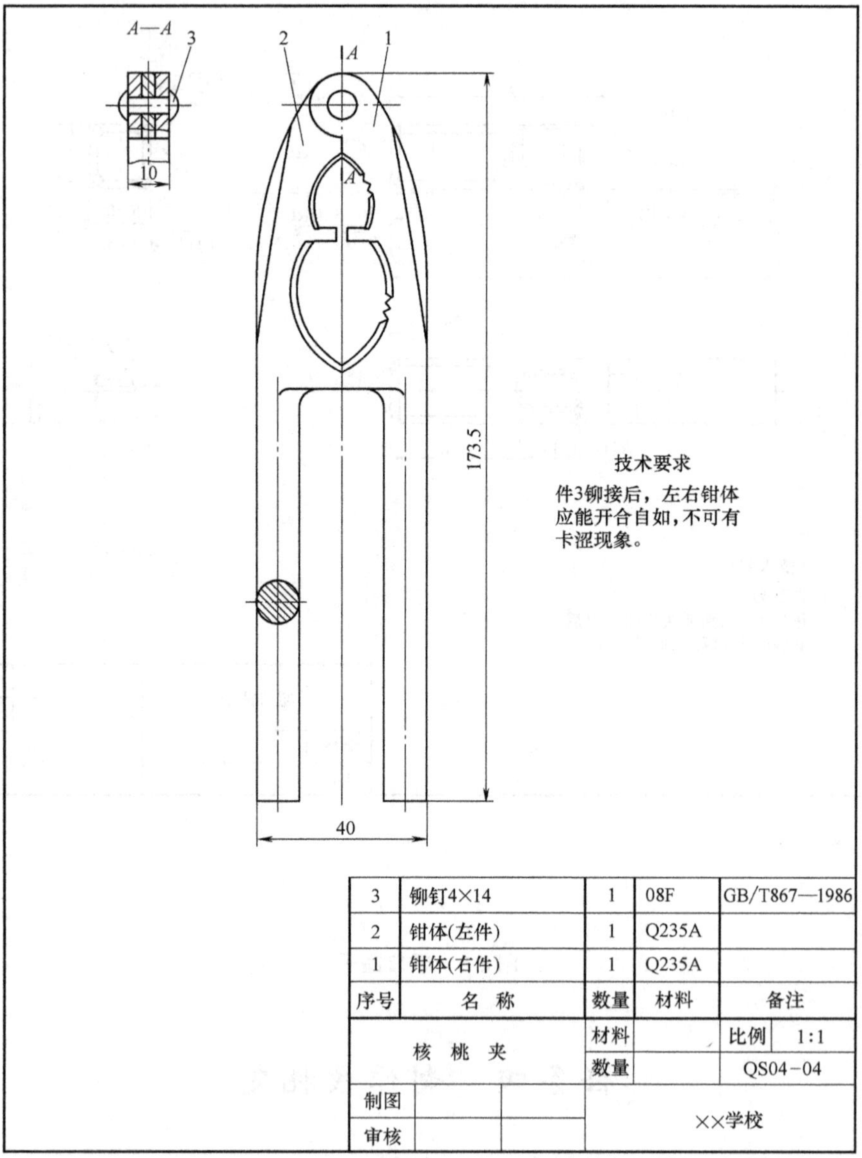

3	铆钉4×14	1	08F	GB/T867—1986
2	钳体(左件)	1	Q235A	
1	钳体(右件)	1	Q235A	
序号	名　称	数量	材料	备注

核　桃　夹		材料		比例	1:1
		数量		QS04-04	
制图			××学校		
审核					

图 4-4　核桃夹

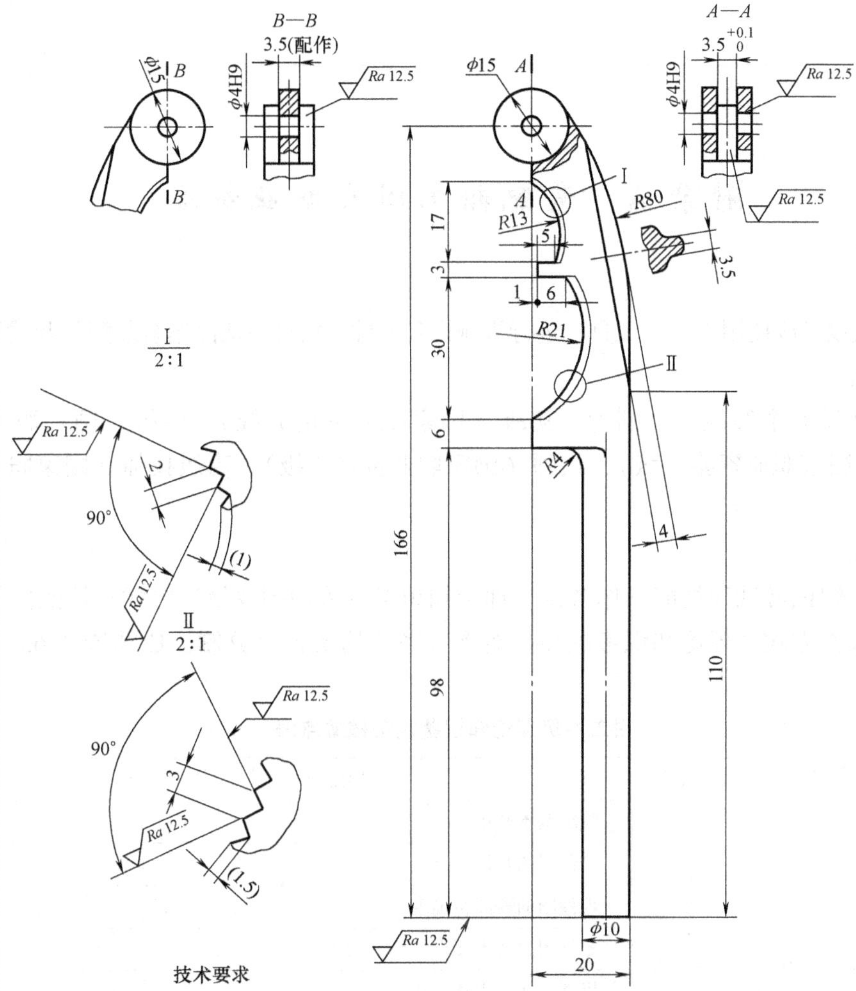

技术要求

1.未注圆角$R2 \sim R3$。
2.钳体共两件，右件如图，左件上部结构见左上，其余与右件对称。
3.去毛刺。

Ra 3.2 (√)

核桃夹钳体			材料	Q235A	比例	1:1
			数量	各1	QS04－05	
制图			××学校			
审核						

图 4-5　核桃夹钳体

附　　录

附录 A　装配钳工国家职业标准

职业定义

操作机械设备或使用工装、工具，进行机械设备零件、组件或成品组合装配与调试的人员。

职业等级

本职业共设五个等级，分别为：初级（国家职业资格五级）、中级（国家职业资格四级）、高级（国家职业资格三级）、技师（国家职业资格二级）、高级技师（国家职业资格一级）。

鉴定方式

分为理论知识考试和技能操作考试。理论知识考试采用闭卷笔试方式，技能操作考核采用现场实际操作方式。理论知识考试和技能操作考核均实行百分制，成绩皆达 60 分以上者为合格。

钳工中级理论知识鉴定考核重点表

行为领域	鉴定范围	鉴定比重	鉴定点	重要程度
基础知识 25%	识图知识	5	装配基本知识	X
			零件图的几何公差	Y
			零件图的表面粗糙度	X
			零件图的技术要求	Y
			机件形状的表达方式	Z
			绘制零件图	X
			几何作图和投影作图的方法	X
			常用零件的规定画法	X
	量具	2	千分尺的结构原理及使用	X
			内径千分尺的结构、原理及使用	X
			内径百分表的结构、原理及使用	Y
			水平仪的结构、原理及使用	Z
			常用量具的维护及保养	X
	公差	2	公差配合知识	X
			几何公差知识	X
			表面粗糙度的知识	X

（续）

行为领域	鉴定范围	鉴定比重	鉴定点	重要程度
基础知识 25%	机械传动	2	机械传动的基本知识	X
			带传动的工作原理及特点	X
			齿轮传动的工作原理及特点	Y
	液压传动	3	液压传动的工作原理	X
			液压传动的组成及功能	X
			液压传动的特点	X
			液压传动的故障及排除	Y
			液压油的使用	Y
	刀具	3	刀具材料的基本要求	X
			刀具材料的种类、代号及用途	X
			金属的切削过程	Y
			刀具的磨钝标准	X
			刀具的寿命	X
			磨削的原理	Y
			砂轮的特性及选择	Y
	夹具	3	工件六点定位及定位原理和方法	X
			夹具定位元件的使用及作用	X
			夹紧结构、夹紧力的分析	Z
			钻床夹具类型	Y
	电工知识	1	常用设备电器的一般知识	X
			安全用电常识	X
	热处理	3	表面热处理	X
			退火工艺知识	X
			正火工艺知识	Y
			回火工艺知识	Y
	机制工艺	1	加工精度的概念	X
			装配尺寸链的概念	X
			产生加工误差的原因及减少误差的方法	Y
专业知识 65%	划线	2	划线工具的使用	X
			划线基准的确定	X
			分度头划线	Y
	錾削	2	錾子的角度及热处理	Y
			錾削方法	X
	锉削	2	锉刀的构造及种类	X
			锉刀的选择	X
			锉削方法	X

（续）

行为领域	鉴定范围	鉴定比重	鉴定点	重要程度
专业知识 65%	锯削	2	锯路	X
			锯条的选择	X
			锯削方法	X
	孔加工	3	麻花钻各组成部分的名称及作用	Y
			麻花钻的刃磨和修磨	X
			各种特殊孔的钻削要求	X
			钻孔润滑液的选用	X
			扩孔、锪孔、铰孔的方法及刀具选择	Y
			钻削用量的选择	X
	攻螺纹与套螺纹	3	螺纹的基本知识	X
			攻螺纹工具与攻螺纹方法	X
			套螺纹的工具及方法	X
			攻螺纹前底孔直径的确定	X
			套螺纹前圆杆直径的确定	X
	刮削	3	刮削的作用	X
			刮削常用显示剂的种类和使用	X
			刮削精度的检查	Y
			刮削工具及刃磨	X
			刮削方法	X
	研磨	2	研磨的原理	X
			研具材料	X
			磨料的种类及应用	X
			研磨液的种类及应用	X
			研磨方法	X
	矫正	2	棒料及轴类的校直	X
			板料的校平	X
	弯曲	2	板料与管子的弯曲	X
			弯曲前毛坯长度的计算	X
			绕弹簧	Y
	装配工艺规程	5	装配基本知识	X
			装配方法	Y
			装配要点	X
			装配的工艺过程及内容	X
			装配前的准备工作	Y
			旋转体的不平稳形式及平稳方法	Z
			装配精度的内容	Y

（续）

行为领域	鉴定范围	鉴定比重	鉴定点	重要程度
专业知识65%	装配工艺规程	5	装配尺寸链的基本知识	X
			装配尺寸链的基本计算	X
			装配尺寸链的解决	Y
			装配工艺规程的内容	Y
			装配工艺规程的依据	Z
			装配工艺规程的方法	Y
	分度头	2	分度头的结构	X
			分度头的分度计算	X
			分度头的分度原理	X
	钻床	2	立钻、摇臂钻的构造	X
			钻床转速的计算	X
			钻床的一、二级保养	X
	螺纹联接	2	螺纹联接的预紧	X
			螺纹联接的装配	X
			螺纹联接的装配要点	X
	键联接	2	松键联接的装配要点	X
			紧键联接的装配要点	X
			花键联接的装配要点	X
			键联接的修理	Y
	销联接	2	销联接的作用	X
			销联接的装配	X
			销联接的类型、特点	X
	过盈连接	2	过盈连接的原理	X
			过盈连接的类型及应用	X
			过盈连接的装配方法	X
			过盈连接的装配要点	X
	带传动	2	带传动的原理及特点	X
			带传动的装配要点	X
			张紧力的调整	X
			两带轮相对位置的调整	X
			带传动机构的修理	Y
			带传动机构的损坏形式	Y
			带轮装配后的检查	Z
	链传动	1	链传动装配技术要求	X
			链传动机构的损坏形式及修理	X
	齿轮传动	3	影响齿轮传动精度的因素	Y

（续）

行为领域	鉴定范围	鉴定比重	鉴定点	重要程度
专业知识 65%	齿轮传动	3	齿轮传动装配要求	X
			齿轮啮合质量的检查	Y
			齿轮传动的磨合	Y
			圆柱齿轮、锥齿轮的装配方法	Y
	蜗杆传动	2	蜗杆传动的精度	Y
			蜗杆传动装配技术要求	X
			蜗杆传动啮合质量的检验	Y
			蜗杆传动装配工艺过程	Y
	联轴器	2	联轴器装配技术要求	X
			联轴器的装配方法	X
			联轴器的种类及作用	X
			各种联轴器的特点	Y
	离合器	1	离合器的装配技术要求	X
			离合器的装配方法	X
			离合器的种类及作用	X
	滑动轴承	2	滑动轴承的种类	X
			整体式滑动轴承的装配要点	Y
			剖分式滑动轴承的装配要点	X
			滑动轴承的修理	Y
			滑动轴承的特点	X
			滑动轴承的装配要求	X
	滚动轴承	3	静压轴承的工作原理和特点	X
			轴承合金性能及常用材料种类	Y
			滚动轴承的种类及结构	X
			滚动轴承的代号	X
			滚动轴承的轴向固定	X
			滚动轴承的密封	X
			滚动轴承的装拆	Y
			精密轴的装配	Y
			滚动轴承游隙的调整方法	Y
			滚动轴承的定向装配	Y
			轴组及其装配	Z
	内燃机	3	内燃机的分类及型号	X
			内燃机的工作原理	X
			内燃机的构造	X
			内燃机供给系统的组成及作用	X

（续）

行为领域	鉴定范围	鉴定比重	鉴定点	重要程度
专业知识65%	内燃机	3	内燃机配气机构的功能	Y
			内燃机配气机构的组成、功能及布置形式	Y
			内燃机点火系统	Z
	常用设备的磨损与维修	3	修理工作要点	X
			修理工艺	Y
			设备磨损的基本概念	X
			机械设备维修及恢复精度的措施	Y
	螺旋传动	3	螺旋传动机构的特点	X
			螺旋传动机构的调整	Y
			螺旋传动机构装配的技术要求	Z
相关知识10%	安全知识	3	正确使用和管理个人劳动防护用品	X
			遵守操作规程	X
			消防知识	X
			灭火器的使用	X
			一般起吊的安全知识	X
			起重机械安全规程的主要内容	Z
	文明生产	3	正确使用钳工工具	X
			正确操作钳工车间设备	X
			工具与工件的摆放	X
			劳保用品的要求	X
			工作场地的要求	X
	电气传动	2	低压电器的结构及在控制电路中的作用	Z
			异步电动机电气控制知识	Z
			直流电动机电气控制的方法	Z
	其他	2	车间生产管理知识	Y
			生产技术管理知识	Y

钳工中级操作技能鉴定考核重点表

行为领域	鉴定范围			鉴定点		
	代码	名称	比重	代码	名称	重要程度
操作技能（A+D）或（B+D）或（C+D）100%	A	单一基本操作	90	01	锉削	X
				02	立体划线	Y
				03	孔加工	X
				04	刮削	X
				05	研磨	Y
				06	锉配	X

（续）

行为领域	鉴定范围			鉴定点		
	代码	名称	比重	代码	名称	重要程度
操作技能（A+D）或（B+D）或（C+D）100%	B	组合基本操作	90	01	锉削、钻孔	X
				02	锉削、铰孔	X
				03	锉削、攻螺纹	X
				04	锉削、钻孔、攻螺纹	X
				05	锉削、钻孔、锯削	X
				06	锉配、钻孔	X
				07	锉配、铰孔	X
				08	锉配、攻螺纹	X
				09	锉配、钻孔、攻螺纹	X
				10	锉配、铰孔、攻螺纹	X
				11	锉配、刮削	X
				12	锉配、锯削	X
				13	锉配、铰孔、锯削	X
				14	锉配、钻孔、锯削	X
				15	锉配、锯削、攻螺纹	X
	C	装配操作	90	01	轴套类装配	X
				02	箱体类装配	X
				03	其他类装配	Y
	D	现场考核	10	01	设备使用	X
				02	工具、量具使用	Y
				03	安全文明生产	X

注：1. 表中，“X”表示“核心要素”，是考核中最重要、出现频率最高的内容；“Y”表示“一般要素”，是考核中出现频率一般的内容；“Z”表示“辅助要素”，在考核中出现的频率较低。

2. “鉴定考核重点表”中，每个鉴定范围都有其鉴定比重指标，它表示在一份试卷中该鉴定范围所占的分数比例。

附录B 钳工中级理论知识试卷及答案

职业技能鉴定国家题库
钳工中级理论知识试卷
注 意 事 项

1. 考试时间：120min。
2. 请首先按要求在试卷的标封处填写您的姓名、准考证号和所在单位的名称。

3. 请仔细阅读各种题目的回答要求，在规定的位置填写您的答案。

4. 不要在试卷上乱写乱画，不要在标封区填写无关的内容。

	一	二	总 分
得 分			

得 分	
评分人	

一、单项选择（第 1 ~80 题。选择一个正确的答案，将相应的字母填入题内的括号中。每题 1 分，满分 80 分）

1. 一张完整的装配图的内容包括一组图形、必要的尺寸、（　　）、零件序号和明细栏、标题栏。

A. 技术要求　　B. 必要的技术要求

C. 所有零件的技术要求　　D. 粗糙度及几何公差

2. 标注几何公差代号时，几何公差数值及有关符号应填写在几何公差框格左起（　　）。

A. 第一格　　B. 第二格　　C. 第三格　　D. 任意

3. 表面粗糙度评定参数，规定省略标注符号的是（　　）。

A. 轮廓算术平均偏差　　B. 微观不平度 + 点高度

C. 轮廓最大高度　　D. 均可省略

4. 孔的最大极限尺寸与轴的最小极限尺寸之代数差为正值称为（　　）。

A. 间隙值　　B. 最小间隙　　C. 最大间隙　　D. 最小过盈

5. 下列（　　）为几何公差项目符号。

A. ⊥　　B. //　　C. ◎　　D. ○

6. 液压传动是依靠（　　）来传递运动的。

A. 油液内部的压力　　B. 密封容积的变化

C. 活塞的运动　　D. 油液的流动

7. 液压系统中的辅助部分指的是（　　）。

A. 液压泵　　B. 液压缸

C. 各种控制阀　　D. 输油管、油箱等

8. 刀具材料的硬度越高，耐磨性（　　）。

A. 越差　　B. 越好　　C. 不变　　D. 消失

9. 形状复杂，精度较高的刀具应选用的材料是（　　）。

A. 工具钢　　B. 高速钢　　C. 硬质合金　　D. 碳素钢

10. （　　）是靠刀具和工件之间作相对运动来完成的。

A. 焊接　　B. 金属切削加工　　C. 锻造　　D. 切割

11. 长方体工件定位，在止推基准面上应分布（　　）支承点。

A. 一个　　B. 两个　　C. 三个　　D. 四个

12. 外圆柱工件在套筒孔中的定位，当选用较短的定位心轴时，可限制（　）自由度。

A. 两个移动　B. 两个转动

C. 两个移动和两个转动　D. 一个移动一个转动

13. 在夹具中，夹紧力的作用方向应与钻头轴线的方向（　）。

A. 平行　B. 垂直　C. 倾斜　D. 相交

14. 感应淬火淬硬层深度与（　）有关。

A. 加热时间　B. 电流频率　C. 电压　D. 钢的含碳量

15. 退火的目的是（　）。

A. 提高硬度和耐磨性　B. 降低硬度，提高塑性

C. 提高强度和韧性　D. 改善回火组织

16. 将钢件加热、保温，然后在空气中冷却的热处理工艺称为（　）。

A. 回火　B. 退火　C. 正火　D. 淬火

17. 零件的加工精度和装配精度的关系（　）。

A. 有直接影响　B. 无直接影响　C. 可能有影响　D. 可能无影响

18. 用划针划线时，针尖要紧靠（　）的边沿。

A. 工件　B. 导向工具　C. 平板　D. 角尺

19. 划线时，都应从（　）开始。

A. 中心线　B. 基准面　C. 设计基准　D. 划线基准

20. 錾子的前刀面与后刀面之间的夹角称（　）。

A. 前角　B. 后角　C. 楔角　D. 副后角

21. 当錾削接近尽头约（　）mm 时，必须调头錾去余下的部分。

A. 0～5　B. 5～10　C. 10～15　D. 15～20

22. 锉刀的主要工作面指的是（　）。

A. 有锉纹的上、下两面　B. 两个侧面

C. 全部表面　D. 顶端面

23. 双齿纹锉刀适用锉（　）材料。

A. 软　B. 硬　C. 大　D. 厚

24. 在制造锯条时，使锯齿按一定的规律左右错开，排列成一定形状，称为（　）。

A. 锯齿的切削角度　B. 锯路

C. 锯齿的粗细　D. 锯割

25. 标准麻花钻的后角是：在（　）内后刀面与切削平面之间的夹角。

A. 基面　B. 主截面　C. 柱截面　D. 副后刀面

26. 标准群钻的形状特点是三尖七刃（　）。

A. 两槽　B. 三槽　C. 四槽　D. 五槽

27. 常用螺纹按（　）可分为三角螺纹、矩形螺纹、条形螺纹、半圆螺纹和锯齿螺纹等。

A. 螺纹的用途　　B. 螺纹在轴向剖面内的形状

C. 螺纹的受力方式　　D. 螺纹在横向剖面内的形状

28. 攻螺纹进入自然旋进阶段时，两手旋转用力要均匀，并要经常倒转（　　）圈。

A. 1～2　　B. 1/4～1/2　　C. 1/8～1/5　　D. 1/10～1/8

29. 起套结束进入正常套螺纹时（　　）。

A. 要加大压力　　B. 不要加压　　C. 适当加压　　D. 可随意加压

30. 检查用的平板其平面度要求0.03mm，应选择（　　）方法进行加工。

A. 磨　　B. 精刨　　C. 刮削　　D. 锉削

31. 粗刮时，显示剂调得（　　）。

A. 干些　　B. 稀些　　C. 不干不稀　　D. 稠些

32. 检查曲面刮削质量，其校准工具一般是与被检曲面配合的（　　）。

A. 孔　　B. 轴　　C. 孔或轴　　D. 都不是

33. 刮刀头一般由（　　）锻造并经磨制和热处理淬硬而成。

A. A3 钢　　B. 45 钢　　C. T12A　　D. 铸铁

34. 矫直棒料时，为消除因弹性变形所产生的回翘可（　　）一些。

A. 适当少压　　B. 用力小

C. 用力大　　D. 使其反向弯曲塑性变形

35. 当金属薄板发生对角翘曲变形时，其矫平方法是沿（　　）锤击。

A. 翘曲的对角线　　B. 没有翘曲的对角线

C. 周边　　D. 四周向中间

36. 板料在宽度方向上的弯曲，可利用金属材料的（　　）。

A. 塑性　　B. 弹性　　C. 延伸性能　　D. 导热性能

37. 在计算圆弧部分中性层长度的公式 $A=\pi(r+x_0t)\alpha/180$ 中，x_0 指的是材料的（　　）。

A. 内弯曲半径　　B. 中间层系数

C. 中性层位置系数　　D. 弯曲直径

38. 按规定的技术要求，将若干零件结合成部件或若干个零件和部件结合成机器的过程称为（　　）。

A. 装配　　B. 装配工艺过程　　C. 装配工艺规程　　D. 装配工序

39. 产品装配的常用方法有（　　）、选择装配法、调整装配法和修配装配法。

A. 完全互换装配法　　B. 直接选配法

C. 分组选配法　　D. 互换装配法

40. 零件的清理、清洗是（　　）的工作要点。

A. 装配工艺过程　　B. 装配工作

C. 部件装配工作　　D. 装配前准备工作

41. 产品的装配工作包括部件装配和（　　）。

A. 总装配　　B. 固定式装配　　C. 移动式装配　　D. 装配顺序

42. 对于生产出的零件还需进行平衡试验，这种工作属于（　　）。

A. 装配前准备工作 B. 装配工作
C. 调整工作 D. 精度检验

43. 壳体、壳体中部的鼓形回转体、主轴、分度机构和分度盘组成（　　）。
A. 分度头 B. 套筒 C. 手柄心轴 D. 螺旋

44. 要在一圆盘面上划出六边形，应选用的分度公式为（　　）。
A. $20/Z$ B. $30/Z$ C. $40/Z$ D. $50/Z$

45. 立式钻床的主要部件包括主轴变速箱、进给变速箱、（　　）和进给手柄。
A. 进给机构 B. 操纵机构 C. 齿条 D. 主轴

46. 用（　　）使预紧力达到给定值的方法是控制转矩法。
A. 套筒扳手 B. 测力扳手 C. 通用扳手 D. 专业扳手

47. （　　）装配在键长方向，键与轴槽的间隙是0.1mm。
A. 紧键 B. 花键 C. 松键 D. 平键

48. 销联接在机械中除起到连接作用外，还起（　　）和保险作用。
A. 定位作用 B. 传动作用 C. 过载剪断 D. 固定作用

49. 圆柱销一般靠过盈固定在孔中，用以（　　）。
A. 定位 B. 连接 C. 定位和连接 D. 传动

50. 过盈连接装配后（　　）的直径被压缩。
A. 轴 B. 孔 C. 包容件 D. 圆

51. 过盈连接的类型有（　　）和圆锥面过盈连接装配。
A. 螺尾圆锥过盈连接装配 B. 普通圆柱销过盈连接装配
C. 普通圆锥销过盈连接装配 D. 圆柱面过盈连接装配

52. 在（　　）传动中，不产生打滑的是同步带。
A. 带 B. 链 C. 齿轮 D. 螺旋

53. 影响齿轮（　　）的因素包括齿轮加工精度、齿轮的精度等级、齿轮副的侧隙要求及齿轮副的接触斑点要求。
A. 运动精度 B. 传动精度 C. 接触精度 D. 工作平稳性

54. 转速（　　）的大齿轮装在轴上后应作平衡检查，以免工作时产生过大振动。
A. 高 B. 低 C. 1500r/min D. 1440r/min

55. 轮齿的接触斑点应用（　　）检查。
A. 涂色法 B. 平衡法 C. 百分表测量 D. 直尺测量

56. 普通圆柱蜗杆传动的精度等级有（　　）个。
A. 18 B. 15 C. 12 D. 10

57. 蜗杆与蜗轮的（　　）相互间有垂直关系。
A. 重心线 B. 中心线 C. 轴心线 D. 连接线

58. （　　）的装配技术要求要连接可靠，受力均匀，不允许有自动松脱现象。
A. 牙嵌式离合器 B. 磨损离合器
C. 凸缘式联轴器 D. 十字沟槽式联轴器

59. （　　）装配时，首先应在轴上装平键。

A. 牙嵌式离合器　B. 磨损离合器　C. 滑块式联轴器　D. 凸缘式联轴器

60. 联轴器只有在机器停车时，用拆卸的方法才能使两轴（　　）。

A. 脱离传动关系　B. 改变速度

C. 改变运动方向　D. 改变两轴相互位置

61. 整体式、剖分式、内柱外锥式向心滑动轴承是按轴承的（　　）形式不同划分的。

A. 结构　B. 承受载荷　C. 润滑　D. 获得液体摩擦

62. 整体式向心滑动轴承装配时对轴套的检验除了测定圆度误差及尺寸外，还要检验轴套孔中心线对轴套端面的（　　）。

A. 位置度　B. 垂直度　C. 对称度　D. 倾斜度

63. 液体静压轴承是用液压泵把高压油送到轴承间隙里，（　　）形成油膜。

A. 即可　B. 使得　C. 强制　D. 终于

64. 常用的轴瓦材料是（　　）。

A. 轴承钢　B. 巴氏合金　C. 铝合金　D. 铜合金

65. 内燃机型号最右边的字母 K 表示（　　）。

A. 汽车用　B. 工程机械用　C. 船用　D. 飞机用

66. 内燃机是将热能转变成（　　）的一种热力发动机。

A. 机械能　B. 动能　C. 运动　D. 势能

67. （　　）是内燃机各机构各系统工作和装配的基础，承受各种载荷。

A. 配合机构　B. 供给系统　C. 点火系统　D. 机体组件

68. 按工作过程的需要，（　　）向气缸内喷入一定数量的燃料，并使其良好雾化，与空气形成均匀可燃气体的装置称为供给系统。

A. 不定时　B. 随意　C. 每经过一次　D. 定时

69. 拆卸时的基本原则是，拆卸顺序与装配顺序（　　）。

A. 相同　B. 相反　C. 也相同也不同　D. 基本相反

70. 对于形状简单的静止配合件进行拆卸时，可用（　　）。

A. 拉拔法　B. 顶压法　C. 温差法　D. 破坏法

71. 传动精度高、工作平稳、无噪声、易于自锁、能传递较大的转矩，这是（　　）的特点。

A. 螺旋传动机构　B. 蜗轮蜗杆传动机构

C. 齿轮传动机构　D. 带传动机构

72. 丝杠螺母传动机构只有一个螺母时，使螺母和丝杠始终保持（　　）。

A. 双向接触　B. 单向接触

C. 单向或双向接触　D. 三向接触

73. 用（　　）校正丝杠螺母副的同轴度时，为消除检验棒在各支承孔中的安装误差，可将检验棒转过后再测量一次，取其平均值。

A. 百分表 180°　B. 卷尺　C. 卡规　D. 检验棒

74. 操作钻床时不能戴（　　）。

A. 帽子　B. 手套　C. 眼镜　D. 口罩

75. 钻床开动后，操作中允许（　　）。

A. 用棉纱擦钻头　B. 测量工作　C. 手触钻头　D. 钻孔

76. 使用锉刀时不能（　　）。

A. 推锉　B. 来回锉　C. 单手锉　D. 双手锉

77. 用钻床钻孔时，车（　　）不准捏停钻夹头。

A. 停稳　B. 未停稳　C. 变速时　D. 变速前

78. 钳工车间设备较少，工件摆放时要（　　）。

A. 整齐　B. 放在工件架上　C. 随便　D. 混放

79. 熔断器的作用是（　　）。

A. 保护电路　B. 接道、断开电源

C. 变压　D. 控制电流

80. 一般零件的加工工艺线路为（　　）。

A. 粗加工　B. 精加工

C. 粗加工—精加工　D. 精加工—粗加工

得 分	
评分人	

二、判断题（第 81 ~ 100 题。将判断结果填入括号中。正确的填“√”，错误的填“×”。每题 1 分，满分 20 分）

（　　）81. 一张完整的装配图的内容包括：一组图形、必要的尺寸、必要的技术要求、零件序号和明细栏、标题栏。

（　　）82. 标注几何公差代号时，几何公差项目符号应写入几何公差框格左起第一格内。

（　　）83. 千分尺当做卡规使用时，要用锁紧装置把测微螺杆锁住。

（　　）84. 内径千分尺在使用时温度变化对示值误差的影响不大。

（　　）85. 将能量由原动机转换到工作机的一套装置称为传动装置。

（　　）86. 带传动由于带是挠性件，富有弹性，故有吸振和缓冲作用，且可保证传动比准确。

（　　）87. 液压传动是以油液作为工作价质，依靠密封容积的变化来传递运动，依靠油液内部的压力来传递动力的。

（　　）88. 工作电压为 220V 的手电钻因采用双重绝缘，故操作时可不必采取绝缘措施。

（　　）89. 锯路就是锯条在工件上锯过的轨迹。

（　　）90. 麻花钻主切削刃上各点的前角大小相等切削条件就好。

（　　）91. 刮削具有切削量小、切削力小、产生热量少、装夹变形小等特点。

(　　) 92. 立式钻床的主要部件包括主轴变速箱、主轴、进给变速箱和齿条。

(　　) 93. 用测力扳手使预紧力达到给定值的方法是控制扭角法。

(　　) 94. 松键装配在键长方向，键与轴槽的间隙是0.1mm。

(　　) 95. 在带传动中，不产生打滑的带是平带。

(　　) 96. 链传动中，链的下垂度以0.2L为宜。

(　　) 97. 液体静压轴承是用液压泵把高压油送到轴承间隙，强制形成油膜，靠液体的静压平衡外载荷。

(　　) 98. 拆卸时注意拆卸方法是设备修理工作的重点之一。

(　　) 99. 操作钻床时，不能戴眼镜。

(　　) 100. 熔断器的作用是保护电路。

职业技能鉴定国家题库
钳工中级理论知识试卷答案

一、单项选择（第1～80题。选择一个正确的答案，将相应的字母填入题内的括号中。每题1分，满分80分）

1. B	2. B	3. A	4. C	5. D	6. B	7. D	8. B
9. B	10. B	11. A	12. A	13. A	14. B	15. B	16. C
17. A	18. B	19. D	20. C	21. C	22. A	23. B	24. B
25. C	26. A	27. B	28. B	29. B	30. C	31. B	32. B
33. C	34. C	35. B	36. C	37. C	38. A	39. A	40. B
41. A	42. A	43. A	44. C	45. D	46. B	47. C	48. A
49. C	50. A	51. D	52. A	53. B	54. A	55. A	56. C
57. C	58. C	59. D	60. A	61. A	62. B	63. C	64. B
65. B	66. A	67. D	68. D	69. B	70. A	71. A	72. B
73. D	74. B	75. D	76. B	77. B	78. B	79. A	80. C

二、判断题（第81～100题。将判断结果填入括号中。正确的填“√”，错误的填“×”。每题1分，满分20分）

81. √	82. √	83. ×	84. ×	85. ×	86. ×	87. √	88. √
89. ×	90. ×	91. √	92. ×	93. ×	94. √	95. ×	96. ×
97. √	98. √	99. ×	100. √				

参考文献

[1] 朱金仙，何立．钳工工艺与技能训练［M］．成都：四川大学出版社，2011.

[2] 文健萍．金属加工与实训——钳工实训［M］．北京：高等教育出版社，2010.